# 印刷包装业
# 技能人才开发与学徒制研究

肖志坚　邹非　胡新根　著

北　京
冶金工业出版社
2020

# 内 容 提 要

随着近年来职业教育改革进入深水区，现代学徒制改革作为职业教育改革和实施的重要模式得到了国家、学校和企业的高度重视，同时也受到了诸多从业人员和高校教学改革研究人员的重视。本书以浙江省、温州市印刷包装产业为研究对象，在对印刷包装行业相关数据进行分析的基础上，提出了印刷包装技能人才开发的定位、岗位需求等，并在此基础上设计了人才培养方案、部分核心课程标准等，结合专业教学团队课程改革的经验和教学改革的探索对部分教学和课堂改革进行了探索与分析。此外，结合现代学徒制的国家政策和国外发达国家开展现代学徒制的实施模式和实施经验，以及浙江东方职业技术学院推行现代学徒制的经历，从学徒制模式改革、校外实习基地的建设、学徒制实施开展、过程管理和存在的问题处理、企业课堂教学开展、学徒制的考核方式等多方面进行阐述，可供各类职业学校的从业人员和研究人员参考。

## 图书在版编目（CIP）数据

印刷包装业技能人才开发与学徒制研究/肖志坚，邹非，胡新根著 . —北京：冶金工业出版社，2020. 5
ISBN 978-7-5024-8447-7

Ⅰ.①印⋯ Ⅱ.①肖⋯ ②邹⋯ ③胡⋯ Ⅲ.①装潢包装印刷—技术人才—人才资源开发—研究—温州 ②装潢包装印刷—学徒—教育制度—研究—温州 Ⅳ.①TS851

中国版本图书馆 CIP 数据核字（2020）第 051840 号

出 版 人 陈玉千
地　　址 北京市东城区嵩祝院北巷 39 号　邮编　100009　电话　(010)64027926
网　　址 www.cnmip.com.cn　电子信箱　yjcbs@cnmip.com.cn
责任编辑 夏小雪　美术编辑 吕欣童　版式设计 禹　蕊
责任校对 卿文春　责任印制 李玉山
ISBN 978-7-5024-8447-7
冶金工业出版社出版发行；各地新华书店经销；三河市双峰印刷装订有限公司印刷
2020 年 5 月第 1 版，2020 年 5 月第 1 次印刷
169mm×239mm；13.25 印张；215 千字；203 页
**69.00 元**
**冶金工业出版社　投稿电话　(010)64027932　投稿信箱　tougao@cnmip.com.cn**
**冶金工业出版社营销中心　电话　(010)64044283　传真　(010)64027893**
**冶金工业出版社天猫旗舰店　yjgycbs.tmall.com**
（本书如有印装质量问题，本社营销中心负责退换）

# 本书编委会

主　　编　肖志坚　邹　非　胡新根

副 主 编　杨定成　杨　云　杨青青　陈官田

　　　　　牛文兴　岳　敏

参编人员　陈汉新　赵威威　徐水芳　邵明秀

　　　　　吴丽莎　孔　真　吴宣宣　梅少敏

　　　　　李海峰　黄文艺　刘宏斌　蒋　君

　　　　　郑　泽　金国品　林　哲　戴起乐

# 前　言

　　温州市是国内印刷包装产业发达地区。2002 年被授予"中国印刷城"称号，2012 年被授予全国首家地市级"中国包装名市"称号，在全国印刷、包装行业居龙头地位。温州经过多年的发展，目前已经形成了包装印刷、纸包装、包装机械、塑料包装、药品包装等代表性的产业集聚区。据行业协会统计数据显示，截至目前，温州市该领域从业人数超过 20 余万人，相关产业的产值达到 600 多亿元。良好的区域经济背景为印刷包装专业及技能人才开发提供了产业支持和操作空间。

　　为了更好地研究印刷包装产业技能人才开发，本书将重点阐述高等职业技术学院通过人才培养方案的设计、课程标准的制定以及现代学徒制模式的改革等开发印刷包装技术技能型人才的过程。

　　本书共分四章，探讨印刷包装业技能人才开发与学徒制研究。第一章是印刷包装产业发展现状，分为四节，分别为低碳经济模式下印刷包装业发展、温州市印刷包装产业特征与思考、"互联网+"模式下印刷包装产业转型对技能人才培养改革的思考和浙江省民营印刷包装企业技能人才开发与分析。第二章是高职印刷包装专业课程开发与案例分析，包括高职包装策划与设计专业人才培养方案设计、高职印刷技术专业人才培养方案设计和高职印刷包装专业部分课程标准。第三章是印刷包装专业课程改革探索与案例分析，共分为七节，分别是高职包装技术与设计专业通识教育构建、"作品创新+设计报告+答辩"模式的包装专业实训改革、基于工作过程的校内印刷专业实训教学开发、四版印刷实训教学体系构建、四版印刷实训教材样本编写、微课辨析及在现代物流包装专业人才培养中的应用和创新创业教育与案例分析。第四章是印刷包装专业现代学徒制改革与实践，共分为九节，分别是现代学徒制模式辨析、现代学徒制模式下的校企共建实训基地辨析、现代学徒制实施与问题处理、现代学徒制模式下的学生管理、现代学徒制模式下的校企教师互聘、基于现代学徒制模式的考核方式辨析与实践、"工匠精神"辨析及在高职印刷包装专业中的应用、黄炎培职教思想对新时代工匠精神培育的影响与启示、澳大利亚职业教育与培训体系认识及启示。

本书在撰写过程中得到了以下基金项目的支持：

浙江省高等教育"十三五"第一批教学改革研究项目：专业群建设背景下高职个性化人才培养探索与实践（JG 20180760）。

浙江省高等教育教学改革课题："专业群+工作室"四位一体培养高技能人才模式研究（JG 20190913）。

温州市科学技术协会服务科技创新项目："专业+大师工作室"高技能人才培养模式研究（2019KXCX-04）。

中国商业学会课题：艺术设计类专业群现代学徒制人才培养的实证研究——以包装策划与设计专业为例（2018ZSZJYB07）。

中国职业技术教育学会教学工作委员会2019—2020年度职业教育教学改革课题：基于校企协同育人模式的现代学徒制改革与实践（1910663）。

浙江东方职业技术学院2019年度特色优势专业群建设项目：数字电气专业群；浙江东方职业技术学院2018年度重点课题：《数据库技术及应用》课程线上线下混合教学模式创新研究（DF2017ZD06）。

横向课题：校企合作模式下高技能人才培养研究（20190429）；资源共享模式下的校企课程合作共建研究（20190307）。

本书在撰写的过程中，得到了浙江东方职业技术学院领导的关心和数字工程学院包装印刷专业教学团队的大力支持，同时还得到了浙江三浃包装有限公司和温州立可达印业股份有限公司的支持。由于本人的水平有限，书中难免有疏漏及不当之处，敬请各位读者、前辈不吝赐教，以便今后不断学习和提高，撰写更加高质量的书籍。

肖志坚

2019年7月于温州

# 目　录

# 第一章　印刷包装产业发展现状

职业技术学院作为地方性院校，主要承担着为当地企事业单位培养技术技能型高素质人才的任务，因此职业技术学院的专业设置、人才培养、技能开发、创新创业等一系列的教学和创新活动，很大程度上都与区域环境下的行业企业密不可分。

地方产业的发展状况，在很大程度上影响了高校相关专业的创办和后续的建设。主要体现在产业的发展前景、产业涉及的技术技能型人才岗位的需求和薪酬、行业代表性企业的经营现状及后续校企合作的空间和意愿等。

本章重点探索产业发展与专业创新创业教育，重点探索低碳经济模式下印刷包装业发展、"互联网+"模式下印刷包装产业转型对技能人才培养改革的思考、浙江省民营印刷包装企业技能人才开发与分析、高职包装专业通识教育中的职业拓展模块构建、创新创业教育与案例分析。

## 第一节　低碳经济模式下印刷包装业发展

传统的人类中心主义观点认为，人类是大自然的主宰，大自然只是为人类的活动提供服务的附属工具。然而，随着经济的发展，人类对自然界的影响越来越大，当人类对自然的作用超出了自然的承载限度时，将会导致严重的环境问题。进入 20 世纪 90 年代以后，全球面临人口剧增、资源短缺、环境污染和生态蜕变的严峻形势，以环保和节能为主题的绿色经济和循环经济逐渐成为经济全球化的两大趋势。随着对各种环境问题解决方法的展开，全球开展了激烈的讨论。低碳经济首次以政府文件的形式出现在 2003 年的英国能源白皮书《我们能源的未来：创建低碳经济》中，为全球经济的发展指明了方向。面对世界能源危机以及可再生性资源濒临枯竭，人们提出各种低碳措施，以低排放、低能耗、低污染为特征的新经济发展模式，使低碳生产、低碳生活正逐步成为人们的行动准则，"使用绿色节能印刷包装"的呼声日益高涨。目前，世界贫富分化日益严重，发展中国家发展缓慢。如果这些国家继续走传统经济发展之路，沿用高消耗、高能耗、高污染的发展模式，那么势必影响其发展的进程，从而更加拉大贫富差距，给社会稳定带来影响。发展经济与保护环境是传统经济不可避免的突出矛盾。要从根本上解决这一深层次矛盾，就必须尽快在发展方式上实现由传统经济到低碳经济的转变。印刷包装业是国民经济的重要组成部分，但同时它又是一个消耗资源、污染环境比较严重的行业。印刷包装废弃物造成的环境污染已严重影响社会经济的可持续发展。因此，如何有效控制印刷包装废弃物的污染，把我国印刷包装业纳入低碳经济轨道，全面推广绿色印刷包装，已成为公众关注的社会焦点。

## 一、低碳经济与绿色印刷包装

### （一）低碳经济的内涵与特点

低碳经济是指在可持续发展理念指导下，通过技术创新、制度创新、产业转型、新能源开发等多种手段，尽可能地减少煤炭石油等高碳能源消耗，减少温室气体排放，达到经济社会发展与生态环境保护双赢的一种经济发展形态。低碳经济是以低能耗、低污染、低排放为基础的经济模式，是人类社会继农业文明、工业文明之后的又一次重大进步。低碳经济是在能源危机迫近，环境日益恶化的条件下我们必须走的一条路，它的实质是提高能源效率和建立清洁能源结构，核心是能源技术创新和制度创新。走低碳经济道路就意味着要实现循环经济、低碳经济和绿色经济。低碳经济有两个基本点：其一，它是包括生产、交换、分配、消费在内的社会再生产全过程的经济活动低碳化，通过把二氧化碳（$CO_2$）排放量尽可能减少到最低限度乃至零排放，来获得最大的生态经济效益；其二，它是包括生产、交换、分配、消费在内的社会再生产全过程的能源消费生态化，通过形成低碳能源和无碳能源的国民经济体系，保证生态经济社会有机整体的清洁发展、绿色发展、可持续发展。

### （二）绿色印刷包装的定义和内涵

绿色印刷包装又可以称为无公害印刷包装和环境友好型印刷包装，指对生态环境和人类健康无害，能重复使用和再生，符合"可持续发展"的印刷包装。它的理念有两个方面的含义：一个是保护环境，另一个是节约资源。

这两者相辅相成，不可分割。其中保护环境是核心，节约资源与保护环境又密切相关，因为节约资源可减少废弃物，其实也就是从源头上对环境进行保护。绿色印刷包装一般具有四个方面的内涵，即材料最省，废弃物最少，且节省资源和能源；易于回收再利用和再循环；废弃物燃烧产生新能源而不产生二次污染；印刷包装材料最少和自行分解，不污染环境。因此，推行绿色印刷包装的目标，就是要最大限度地保存自然资源，形成最小数量的废弃物和最低限度的环境污染。从技术角度讲，绿色印刷包装是指以无害物质为原料研制成的对生态环境和人类健康无害，有利于回收利用，易于降解、可持续发展的一种环保型印刷包装，也就是说，其印刷包装产品从原料选择、产品的制造到使用和废弃的整个生命周期，均应符合生态环境保护的要求。

## 二、当前国内印刷包装业的低碳发展现状

### (一) 纸包装的减量化设计与加工

低碳经济时代，采用减量化设计、生产加工瓦楞纸板、瓦楞纸箱符合国家长期国策，是绿色包装行业发展的重要趋势之一。所谓瓦楞纸箱减量化设计就是在保证瓦楞纸箱能满足保护产品性能完好的前提下，通过改变传统生产加工工艺、配料方法及包装容器结构设计等，降低原材料的使用量和生产加工成本。

瓦楞纸箱是现代商品最主要的包装容器，广泛用于现代商品物流的各个环节，包括商品储存、展示销售、运输防护等，对产品质量保护和产品销售起到了不可估量的作用。但瓦楞纸箱行业也是一个高耗能的产业，大量使用瓦楞纸箱造成了资源的浪费和环境的污染，因此，积极推行包装减量化设计是产业发展的必然趋势。

我国从 20 世纪 30 年代初开始引进使用瓦楞纸箱作为外包装箱。当时使用的外包装箱 80% 是木箱，纸箱仅占 20% 左右；到 20 世纪 40 年代末 50 年代初的时候，纸箱使用比例上升到了 80%。随着包装、物流、材料和机械行业的发展，如今 90% 以上的物流产品包装都使用瓦楞纸箱。我国长三角地区，是最近 10 年我国瓦楞纸箱行业发展最为迅速的地区。根据行业的统计数据显示，2015 年全球瓦楞纸产量为 2300 亿平方米，产量较上年同期增长 4.5%。2018 年 1~4 月我国瓦楞纸箱产量为 997.92 万吨，同比下滑 1.37%。2017 年我国瓦楞纸箱产量为 3699.55 万吨，同比下滑 1.67%。

近年来，随着国内纸包装工业过快发展，瓦楞纸板、瓦楞纸箱生产量出现了局部过剩现象，且纸包装行业新产品的设计开发后劲不足，竞争白热化直接导致产品微利化。因此，挖掘企业内部潜力、开发新产品，成为微利时代纸箱企业盈利的关键。

减量化包装的概念早在 20 世纪 80 年代就已提出，当时是伴随着绿色包装的概念提出来的。1987 年，联合国环境与发展委员会在《我们共同的未来》一文中提出了绿色包装的概念。1992 年，联合国环境与发展大会通过了《里约环境与发展宣言》，在全世界范围内掀起了以保护生态环境为核心的绿色浪潮，绿色包装应运而生。绿色包装也称生态包装，主要是指对生态环境和人体健康无害、无环境污染，能循环使用和再生利用，能节约能源及促进可持续发展的包装。发达国家针对绿色包装提出了"3R1D"原则，后来扩展到"4R1D"。所谓"4R1D"是指：Reduce，减少包装材料，反对过度包装的减量化原则；Reuse，可重复使用、不轻易废弃的有效再利用原则；Recycle，可回收再生，把废弃的包装制品回收处理并循环使用的原则；Recover，利用焚烧获取能源和燃料的资源再生原则；Degradable，可降解腐化不产生环境污染的可降解原则。简而言之，绿色包装就是既要确保包装的性能、质量，又要降低包装成本，减轻包装废弃物对环境的污染。在"4R1D"原则中，"Re-duce"是首位，绿色包装的设计应以减量化设计原则为核心，这是减少污染、节约能源的关键。

2008 年，中华人民共和国全国人民代表大会常务委员会通过了《中华人民共和国循环经济促进法》。西方发达国家发展循环经济一般侧重于再生利用，我国的循环经济促进法坚持了减量化优先的原则，在总则中明确规定：发展循环经济应当在技术可行、经济合理和有利于节约资源、保护环境的前提下，按照减量化优先的原则实施。瓦楞纸箱行业作为高耗能的产业之一，积极推行减量化设计，降低原材料和资源消耗势在必行，符合国家政策和产业发展趋势。

（二）新工艺、新材料的使用和推广

新型印刷包装材料和新型印刷包装加工工艺技术的出现，在一定程度上顺应了低碳经济的产业发展，主要体现在印刷油墨的环保化、印刷成型工艺的环保化及新技术的替代等。

案例1：凹版印刷属于典型的挥发性印刷加工方式，凹版印刷的过程中使用的是溶剂型挥发油墨，由于有机溶剂一般具有一定的毒性，因此在产品印刷干燥的过程中，有机溶剂的挥发会造成环境污染，而且过去在对挥发有机溶剂的处理方面重视度不够。随着国家相关部门的重视，生产企业对溶剂的挥发和溶剂的使用等多个方面进行了不断的改进，如使用水溶性油墨等，其发展模式也越来越健康和环保。

案例2：热烫金工艺向冷烫金工艺的转变，也是典型的低碳印刷成型工艺的案例。在热烫金的过程中需要使用加热、加压完成电化铝的转印，随着冷烫金新工艺的出现，在转印的过程中不需要加热，通过加压或胶黏等方式就可以完成材料的转印。新工艺的出现一方面取消了生产过程中的加热，降低了能量的消耗，同时也有效地改善了工作环境。

案例3：平版胶印制版工艺的改进，是具有划时代的低碳发展模式。过去将电脑中的图文通过电子分色、激光照排等方式，像照相一样，将图文加工成感光胶片，在通过曝光等方式完成图文转移，最终形成可以印刷的PS版。随着新技术的出现，采用了数字化技术，通过电脑完成分色，再直接转移到PS版上，不再需要感光胶片。新技术的出现，一方面节约了大量的人力、物力，另一方面也节约了大量的资源和能量，提升了工作效率，属于典型的低碳化发展案例。

（三）"互联网+"模式的创新

近年来部分印刷包装企业通过转型升级将公司发展有机地融入了互联网经济，并取得了较好的业绩。如浙江东经科技有限公司的"包装+互联网"，据网站 http://www.59750430.com/215957.html 报道：浙江东经科技曾是一家纸包装企业，经过近几年的发展和转型，成为"包装+互联网"的代表性企业，并积极开发"包装+互联网"万亿级市场。浙江东经科技有限公司经过24年的发展，不断探索、变革和创新，现已全面转向"包装+互联网"新业态，改变了包装行业几十年来形成的产业规则，建立了跨区域的包装供应链平台。"包装+互联网"作为万亿级的市场，行业前景十分广阔，而东经科技无论从规模上还是在专业水平上，都是行业中的佼佼者，上市后必将进一步发展壮大，为包装产业做出更大贡献。资料还显示，该公司"包装+互联网"的网络协同制造平台已入选浙江省经济和信息化委员会公布的 2018 年度省级工业互联网平台创建名单。

### 三、当前绿色印刷包装业面临的主要问题

（一）中国印刷包装业存在的主要问题

印刷包装业经过了 30 多年的发展，取得的成就是举世瞩目的，但目前仍然存在不容忽视的问题，主要表现在以下四个方面。

（1）地域发展不均衡。近几年我国相继建立了珠江三角洲印刷包装基地、长江三角洲印刷包装基地、环渤海湾印刷包装基地和西部印刷包装带。从事印刷包装的企业达 3 万多家。2004 年我国印刷包装产值达 1000 亿元左右，这充分说明我国印刷包装业发展趋势良好。但发展不平衡、分布不均匀，仍然是印刷包装业中一个较为突出的问题。中国目前大约有印刷厂家 8 万余个，而西部仅有不到 1.2 万家，西部印刷业从业人数占全国总数的 10% 左右。粤、闽、浙、苏、沪四省一市的印刷包装总产值约 330 亿元，占我国印刷包装业的 52% 左右。而西北部地区包括陕西、甘肃、宁夏、青海、内蒙古、新疆、四川、重庆、西藏、广西、云南、贵州 12 个省、直辖市、自治区，印刷包装总产值约为 72 亿元，仅占我国印刷包装总量的 11% 左右。东南部五省市的印刷包装产值是西部 12 个省、直辖市、自治区的 5 倍左右。而同在西部的这 12 个省、直辖市、自治区之间的差距也非常明显。据政府有关部门近年的调查资料显示，云南省印刷包装产值是 27.4 亿元，陕西省是 15.5 亿元，四川省是 10.6 亿元，而宁夏仅 0.1 亿元，新疆是 0.2 亿元，西藏是 0.26 亿元，它们之间的差距有几十倍，甚至上百倍。由于差距的存在，西部资源丰富的药品、食品等产品包装及其印刷大多是到外地，特别是沿海比较发达地区进行加工制作。长途运输，成本很高，运输成本最终都要转嫁到消费品上。发展不平衡，不能使资源优势互补，从而造成很多不必要的浪费和损耗，不利于低碳经济的推行。

（2）企业创新能力不足。技术创新、新技术的应用在美国、德国和日本等发达国家都做得非常出色，他们在这方面不断有新的知识产权、新的技术、新的产品推出。而我国企业创新意识比较薄弱，一方面是企业在科研创新上投入不够，没看到创新所带来的巨大利润；另一方面，科技人才极其缺乏。据了解，为了引导企业创新，华东地区连续多年开展行业质量评比活动，增设了"设计创新奖""新工艺（新技术）创新奖""新材料开发奖"。但是，

就目前的情况来看，能够得到这些奖项的企业少之又少，不足1%，而且即使已获得这三个奖项的产品，真正拥有自主知识产权的也不多，这是我国印刷包装业与国际先进水平的主要差距之一，也是致命的弱点。人才结构与专业结构不合理。我国印刷包装行业是从小作坊生产方式中脱胎出来的，因此从业人员中受过高等教育及具有中级以上技术职称人员的比例大大低于机械、化工、电子、汽车等行业。据了解，行业里面的一些知名大企业，其人才结构与专业结构不合理，工程师、高级工的比例很低，不足4%。高级工程师、技师、高级技师更是凤毛麟角，同时大量的一线生产技术工人得不到专业培训，许多企业，特别是中小民营企业，不愿在人才培训上投资，怕人才跳槽后投资没有回报。因此，采用只使用、不培训，涸泽而渔的用人办法，大大制约了行业从业人员整体素质的提高，形成专业人才匮乏的局面。目前，我国虽然有包装工程学院和印刷院校，每年都培养一批专业人才进入行业，但因包装与印刷专业设置的时间不是很长，其合理性、实用性、专业性尚待逐步完善。

（3）精制产品生产不足。通过对近些年中国印刷包装产业协会和地方行业协会提供的数据显示，绝大部分印刷包装企业属于劳动力密集型企业，主要从事中低端包装印刷产业的生产加工和代工等，在很大程度上通过价格竞争、原材料的采购量竞争及生产量上的竞争等手段抢占市场。在高新产品的开发和创新等方面投入明显不足。比如，对高端的印刷包装设备研发投入不足，生产加工中高等质量的包装印刷制品仍需要靠引进国外设备。再比如，有创意的包装设计方案等，仍然要在深圳等地区完成方案。在以上这些方面仍需要行业加强精品研发，占领高端市场。

（4）"互联网+"时代的转型。随着"互联网+"经济模式的不断深入，各行各业都在寻找如何将传统的产业与互联网相结合。"互联网+"模式近年来在很多行业中产生极大的影响，并且带来非常可观的经济效果，对于印刷包装产业也不例外。在撰写本书的过程中，作者主要针对包装行业的"互联网+"。

（二）中国推广绿色印刷包装与绿色消费的主要问题

（1）企业生产绿色包装的动力不足。由于目前大众的绿色消费意识还不够普及，加之绿色印刷包装的开发难度大、成本高、风险大、获利不确定，在没有政府扶持和政策保障的前提下，激烈的市场竞争必然会使企业选择绿色印刷包装的生产由于缺乏自主性而动力不足。此外，我国许多企业目前还缺乏对绿色印刷包装发展前景的深刻认识，仍然重视短期收效快、经济效益大、能迅速为企业带来利润的一般印刷包装产品的生产与开发，而轻视长期前景好、眼前投资高、能长久增加社会效益的绿色印刷包装产品的生产与开发，从而使制造商提供的绿色包装产品非常有限。

（2）消费者对绿色消费的认识不足。很多消费者一听到绿色消费这个名词就把它与"天然"联系起来，这样就形成了一个误区——绿色消费变成了"消费绿色"。所谓的绿色消费行为，只是从自身的利益和健康出发，并不去考虑对环境的保护。可见，消费者缺乏绿色消费知识，对绿色消费概念的科学理解比较肤浅、不够全面，造成当前绿色消费行为不够成熟，消费仍然比较盲目。从总体上讲，人们的环保意识、生态意识、绿色意识还远远不能达到实现绿色消费的要求，全面的绿色消费观念还没有深入人心。

## 四、革新需采取的有效措施

### （一）制定绿色印刷包装发展政策

绿色印刷包装的发展离不开强有力的政策保障，制定有利于绿色包装发展的政策法规主要包括以下方面：（1）制定适合绿色包装产业发展机制的政策，对环保程度高的绿色包装企业进行鼓励和一定程度的扶持，鼓励传统包装企业进行改造和升级，支持传统包装企业改进技术；改善管理方式，摒弃粗放的经营模式。（2）控制包装活动的污染发生源，采取有效措施从源头上控制包装企业造成的环境污染，责令对环境影响较大的包装企业进行整改；合并一些技术含量不高、污染较大的小型民营企业。（3）通过环境立法、排污收费制度，绿色印刷包装标准制度等规范和约束包装活动，促进绿色包装产业健康发展。

### （二）重视人才培养

我国印刷包装工业技术装备水平不高，先进装备的国产化程度很低，比较好的印刷包装制品基本依赖进口设备生产，拥有自主产权、自行开发的机械装备极少。造成这种局面的原因，一方面是由于国家对印刷包装研发的投入少，另一方面是由于印刷包装行业技术人才匮乏。因此，为了彻底改变我国包装技术落后的状况，必须加大对包装技术的科研投入，营造良好的人才培养环境。一是培养中高端的印刷包装设备研发人员，开发品牌高端印刷包装设备，提升企业的加工能力；二是培养高素质的技术技能型人才，推动高质量使用先进设备，提升产品加工质量；三是印刷包装企业内开展员工轮训或全员培训，全面提高员工的文化素质和专业知识，造就一支知识型、专家型的高素质员工队伍。此外，在企业员工提升的过程中，应该加强与相关高等院校建立长期永续的良好关系，以适应不断变化的形势对企业员工更新知识的要求。也可自行建立专门的职业培训学校，并鼓励员工自己联系或考取高等院校，给予部分或全额资助。加强产学研相结合的模式，将高校培养与工厂实践相结合，促进研究的实用性。各大企业可以在印刷包装专业设立高额奖学金，提高学生们学习的积极性，以鼓励技术创新。

（三）印刷包装行业制定行业规范

印刷包装行业要建立完善的社会信用体系，需要通过自律和他律、内在和外在的两种力量来构建，需要研究各种新情况、新问题，进行探索实践。应该充分发挥行业协会的作用，将政府、企业、科研单位、市场紧密联系在一起，积极调整产业结构，以适应当前多元化的市场机制。行业需要制定统一的规范，对于不符合规范的企业或产品，政府应采取强有力的措施予以关闭或销毁。扩大产业联盟，对技术落后、设备更新能力差、人才匮乏、污染控制不力的中小型民营企业进行改组重建，以促进优势互补、资源合理利用。

（四）积极研发绿色印刷包装材料

提高生产效率研制新材料、新工艺和新产品是发展的关键。纵观各国经济发展历程，企业自身的创新能力始终是经济发展的最终动力。我国绿色印刷包装业要想实现较快的发展，就不能忽视企业对新技术的使用和发明的重要作用。当然，这需要完善有关保护技术专利的法律，从根本上激励企业发明创造的积极性。一是进一步开发天然绿色包装材料。天然绿色包装材料是指利用可再生自然资源、进行无污染、少耗能加工、废弃物能有效回收或迅速分解，且对环境不造成污染的包装材料。可充分利用竹、木屑、麻类、棉织物、柳条、芦苇、农作物秸秆、稻草和麦秸等原料，扩大包装品种，提高技术含量，这是包装生态化的重要发展方向。二是重点研究生态包装材料，对传统包装进行生态化改造。从保护资源和循环利用资源的高度审视设计材料的性能，使之符合绿色包装的要求。研制降解塑料是目前各国科技界的热点，根据制造方法的不同，生物降解塑料可分为三大类型：（1）微生物合成型，又称细菌塑料。自然界中存在许多可产生聚酯的微生物，将这些微生物在适当条件下发酵生成聚酯是制造降解塑料的有效方法。（2）化学合成型。在脂肪族的聚酯和水溶性高分子中存在着容易被微生物降解的物质，将这些可生物降解的高分子物质进行化学合成可制成生物降解塑料。（3）天然物质利用型。将纤维素、淀粉等天然高分子物质进行化学变性，使其强度、耐水性、抗老化、热可塑性等性能接近普通塑料。这类塑料成本低、降解性能好。绿色印刷材料在满足印刷机性能要求的情况下，可减少纸张的定量，以达到节约的目的。应采用适合大批量生产的高效印刷工艺，如连线模切的高速凹印生产线加工；全面推广数字印刷技术，并对现存的主要问题积极研究，逐步使数字印刷取代传统印刷。积极研究高效适宜的环保型油墨，如现在已经逐步淘汰了溶剂型油墨，采用无污染水性油墨和高效的 UV 固化油墨，同时也已开发了水性 UV 油墨，将水性油墨的无污染和 UV 油墨的快速干燥结合起来。目前的 UV 油墨还存在价格高昂等特点，不宜商业化，但是随着技术的进步，这些问题将会很快被解决。

### 五、小结

不管当前人们对低碳经济有着怎样不同的认识，但降低人类活动对生存环境的污染，减少对地球资源的过度消耗是有益的。推行绿色印刷包装和绿色消费是响应低碳经济要求的一项重要举措。绿色印刷包装是低碳经济下印刷包装业可持续发展的必然趋势，发展绿色印刷包装是一项系统工程，需要政府部门和科技、工业、商业等各部门的共同努力和配合，创造一个无污染或少污染的生态环境，只有这样，低碳经济下的印刷包装业才能更加健康顺利的发展。

## 第二节　温州市印刷包装产业特征与思考

印刷包装产业是温州市国民经济体系不可或缺的重要基础产业和传统优势产业，被誉为"现代都市产业"和"朝阳产业"。为适应温州市经济快速发展的新形势和新要求，加快温州印刷、包装产业的转型与集聚提升发展，实现由"中国包装名市"向"中国包装强市"跨越的中国梦，特制定本提升发展规划。下面部分数据参考温州市包装行业协会的年报。

## 一、温州印刷包装产业现状与特征

### （一）产业现状

温州是中国的印刷、包装大市，浙江的印刷、包装强市。据不完全统计，温州市现有各类印刷包装企业 5000 多家，从业人员 20 多万人，已经形成了包括印刷机械、包装机械、各类印刷、各类包装、印刷包装材料等行业门类齐全的产业集群。2012 年温州市印刷、包装工业总产值 640 亿元，是 1982 年4374 万元的 1386 倍，占温州市工业总产值的 8.62%，占全省印刷、包装行业总产值的 1/3 强，是温州国民经济中一支异军突起的发展势头强劲的生力军，并承担着全市 7073.61 亿元的工业产品和 181.65 亿美元出口商品及农副产品的包装任务，成为温州名副其实的可持续发展的朝阳产业。2002 年温州被授予"中国印刷城"称号，2012 年温州被授予"中国包装名市"称号，真正确立了温州在全国印刷、包装行业的龙头地位。2011 年立可达包装有限公司、浙江金石包装有限公司、大东集团有限公司、华联机械集团有限公司 4 家企业入选"中国包装行业百强企业"，东经控股有限公司、浙江三浃包装有限公司入选"中国纸包装行业 50 强企业"，立可达包装有限公司、浙江金石包装有限公司、大东集团有限公司、新雅投资集团有限公司 4 家企业入选"中国包装印刷行业 40 强企业"，华联机械集团有限公司入选"中国包装机械行业30 强企业"。2013 年，新雅投资集团有限公司、立可达包装有限公司、富康集团有限公司、曙光印业集团有限公司、浙江金石包装有限公司、新盟包装装潢有限公司等 6 家企业入选"中国印刷 100 强企业"。以上 10 家企业合计年销售总额超 50 亿元。

温州现有印刷机械及配件企业 350 多家，从业人员约 3 万人，产品销售额约 40 亿元，出口交货值约 6 亿元；国家级高新技术印机企业 10 多家，各种专利近 1000 件，其中全自动滚筒式网版印刷机、全自动无纺布丝网印刷机等数十件产品获国家发明专利；覆膜机、商标印刷机、上光机、丝网印刷机等占全国市场份额的 50% 以上；自行研发的全自动天地盖纸盒成型机、EX-320间歇式 PS 版商标印刷机填补了国内空白；近 100 家企业通过了欧洲 CE 产品安全认证及 ISO 9000、ISO 9001、ISO 2000 质量体系认证。温州已发展成为继北京、上海之后第三大全国印机制造基地。

（二）产业特征

经过 40 年的发展，温州印刷、包装工业发展成就显著。印刷、包装工业持续稳定较快增长，产业集聚日趋合理，产业规模不断壮大，产品质量普遍提升，产品门类配套齐全。印刷、包装行业已经从一个分散的辅助性行业，发展成具备完整产业链的产业集群，并基本形成现代产业体系，呈现出以下特点：

（1）行业平稳发展。2019 年 1 月 7 日，温州市包装联合会召开第七届第二次会员大会，对全市包装产业 2019 年的"收成"、变化和亮点进行了盘点。2019 年，温州包装产业在转型升级、科技创新等方面亮点频频，预计全市包装产业 611 家规模以上企业全年实现工业总产值 400 亿元以上。据市统计局提供的数据，2019 年 1~11 月，全市包装产业 611 家规模以上企业实现工业总产值 295.89 亿元，同比增长 8.9%，主营业务（销售）收入 276.35 亿元，同比增长 4.7%，实现利润总额 10 亿元，同比增长 4.5%。12 月份正是企业回款的高峰期，"全年实现工业总产值 400 亿元以上没问题"。市包装联合会人士介绍说，在众多困难和压力中有此"收成"，实为不易，这基于行业企业包装行业数字化、智能化、网络化建设的新进展和两化融合、数字化车间、智能化工厂建设的积极推进。浙江东经科技股份有限公司整合行业资源探索的"包装+互联网"和率先建立的"一路好运"平台，成为全国包装行业"两化融合"和改革创新的典范。以华联机械集团有限公司为依托，联合上下游单位共同打造的"温州市智能包装制造业创新中心"列入市级创新中心。据市包装联合会不完全统计，2019 年，会员企业共投入资金 1.7553 亿元，启动了 15 个技术改造项目，还有 6 家会员企业投入建设资金 10.5105 亿元，启动了智能化工厂建设项目。2019 年，温州市包装联合会包装机械标准工作室帮助行业企业申报专利和相关项目共达 210 多件，行业科技创新频传捷报。其中，浙江金石包装有限公司荣获国家工信部第一批专精特新"小巨人"奖、中国包装行业科学技术一等奖，奔腾激光（温州）有限公司获2019 年浙江省隐形冠军企业，奔腾激光（温州）有限公司、浙江瑞安药机科技有限公司、浙江中星钢管机械有限公司 3 家企业获"浙江省首台套"项目。

（2）集聚趋势明显。全市范围内形成了几大集聚特征较明显的印刷、包装产业区域集群：市区主要集中了包装机械、印刷机械、食品与药物包装机械、纸制品包装；瑞安主要集中了印刷机械、包装机械；平阳主要集中了塑料机械、塑料包装；苍南主要集中了印刷产业。10多年来，温州市相继获得了"中国包装机械城""中国印刷城""中国塑编之都""中国塑编之乡""中国食品与制药机械产业基地""中国包装名市" 6 张"国字号"金名片，同时成为"浙江省特色包装产业基地"，印刷、包装产业集聚优势明显。

（3）品牌建设推进。据不完全统计，温州市印刷包装行业获得中国驰名商标 1 个，市级以上名牌产品、著名商标 30 多个。华联机械集团有限公司是中国《半自动捆扎机》《塑料袋热压式封口机》和《贴体包装机》国家及行业标准的起草单位。2013 年该公司生产的"智能化后道包装系统"，作为中国包装机械的代表性装备，被位于沈阳市的中国工业博物馆永久收藏，在博大精深的中国工业博物馆的机电馆找到了属于自己的位置。由温州自行研发的全自动天地盖纸盒成型机、EX-320 间歇式 PS 版商标印刷机填补了国内空白。温州有近 100 家印刷企业通过了欧洲 CE 产品安全认证及 ISO 9000、ISO 9001、ISO 2000 质量体系认证。温州已发展成为继北京、上海之后第三大全国印机制造基地。

（4）技术创新提升。据不完全统计，目前全行业共有市级以上技术研发中心 36 个，高新技术企业 45 家，承担国家火炬计划、科技创新项目、国家支撑项目 14 个，省级科技创新项目 32 个，国家专利 1500 多项。拥有独立知识产权的 20 大系列 400 多个包装机械产品，远销全球 165 个国家。华联机械集团有限公司是国家高新技术企业，承担国家级火炬计划项目和国家"十二五"科技支撑计划项目，作为中国包装机械领域当之无愧的先行者，华联机械集团致力于实施"强化单机性能，促进整线提升"的战略决策，是以智能化成套包装系统的设计、制造为核心业务，面向全球市场的装备制造企业。温州的塑料包装机械在全国的市场占有率达 70% 以上，近年来，自主创新、研发生产的节能圆织机、节能环保拉丝机，在性能方面处于世界领先地位，如拉丝机可使用全再生塑料、全粉料拉丝，圆织机可使用全再生料拉制低强度、超薄扁丝编织。圆织机可使用 1.5kW 主电机，节电效果世界领先，而且价格低廉、可操控性好。平阳县的雁峰集团拥有各类专利 50 多项，企业规模、经济实力、产品销量、技术含量均在全国排名第一。

## 二、存在问题

### （一）骨干技术人才欠缺

虽然温州市从事印刷包装产业的从业人员有 10 多万人，但是从业人员中受过高等教育或经过系统化专业教育的技术技能型人才明显匮乏。不少高新技术企业在组建团队时，其人才结构与专业结构明显不合理，工程师、高级工的比例很低，不足 4%。造成人才匮乏的原因很多，一方面一线的生产技术工人得不到相应的专业培训，许多企业，特别是中小民营企业，不愿在人才培训上投资，怕人才跳槽后投资没有回报。这大大制约了行业从业人员整体素质的提高，形成专业人才匮乏的局面。另一方面也因为工作环境相对较差，造成很多印刷包装专业的学生不愿意到印刷包装生产车间从事一线工作，这也是影响生产企业技术技能型人才偏少的一个重要因素。

### （二）企业创新能力不足，技术创新、新技术有待提高

印刷包装行业作为较为传统的制造业，相关企业在创新方面明显不足。一方面是企业在科研创新上投入不够，没看到创新所能带来的巨大利润；另一方面，科技人才极具缺乏。据了解，为了引导企业创新，华东地区连续多年开展行业质量评比活动，增设了"设计创新奖""新工艺（新技术）创新奖""新材料开发奖"。

### （三）"互联网+"时代，印刷包装产业转型力度有待提高

随着微利时代的到来，包装行业的竞争加剧，过去采取的低利润、低成本的竞争模式逐渐出现了问题，一方面是运作模式存在问题，另一方面是创新模式不够。近年来，随着政府的持续推动，包装行业逐渐开始融入互联网，部分企业推出了"互联网+包装"的新模式，取得了一定的转型成效；部分企业加大投入，不断推行数字化、智能化、网络化的建设与运营，也取得了一定的成效。随着大环境的变化，包装企业仍需积极探索互联网背景下的传统产业发展与转型，提升企业的发展空间和竞争力。

## 三、温州印刷包装产业的发展规划与思考

温州印刷包装协会和企业家经过多次的调研、思考及研究，提出了在近几年中重点要发展包装机械产业、中高端印刷业、中高端纸包装产业和塑料包装产业等，以进一步提升温州包装产业在全市和全省的地位和引领作用。

为了更好地发展温州印刷包装产业，政府、行业和规模性印刷包装企业应该重点从以下几个方面推动产业发展。

（1）加快产品升级换代。在优化和调整产品结构、提高开发能力的新时期，技术升级、产业换代、经营管理创新是行业发展的重要课题。包装机械企业应以市场为导向，改变目前低技术含量为主、低水平竞争的状况，淘汰一批低效高耗、低档次附加值、劳动密集型的产品，努力开发生产高效低耗、产销对路的大型成套设备和高新技术产品。在包装功能上，工农业产品趋向精致化与多元化，包装机械产品要朝着产品多功能与单一高速两极化方向发展；在技术性能上，要将其他领域的先进技术应用在包装机械上，使产品技术性能大幅度提高。

促进企业技术进步。包装机械企业要将国内外的技术力量集成起来，使之服务于自己的攻关任务之中。温州新型包装机械的开发项目被列入国家科技攻关项目的数量有待进一步提升，要深化企业与高校合作，搭建"校会企""产学研"科技研发攻关平台，建立一体化运行机制，充分发挥各自渠道和优势，力争获得政府有关部门更多政策和资金支持。

根据温州市包装机械产业的发展状况，合理引进先进设备，加快消化吸收进程。对于市场需求大、技术难度大的包装机械设备，要集中行业优势力量，走产学研结合的道路，有组织、有针对性地进行消化吸收，科研攻关，开发出拥有更多知识产权的包装机械产品，打破国外技术垄断，加速提升温州包装机械的技术水平。

（2）实施人才战略，提供人才保证。以做好人才引进和培养工作，加强科技人才队伍建设为重点，充分发挥其作用。对突出贡献科技人员要加大奖励力度，加强知识产权保护，鼓励技术、经营管理生产要素参与收益分配。建立和完善人才市场，对人才资源的开发和利用实行有效引导和管理，加强宏观调控，保持人才资源合理布局，维护市场秩序，保证市场竞争公正，营造温馨、融洽、和谐人文氛围，形成人才成长机制。

（3）加强品牌宣传，重视品牌战略。温州的包装机械生产企业要造就具有自身鲜明特色的品牌产品，走出一条具有中国特色的发展道路，以满足国内外市场高中低不同档次的多种需求，创造在不同档次上符合用户要求的名牌产品。要在经受市场严格考验的基础上，再逐步扩大市场销售份额。

温州包装机械企业可以整合各路国外信息渠道，趁欧洲包装强国经济尚未恢复之际，采取企业兼并的方式，收购国外具有悠久历史的同行品牌，以此达到占有品牌和市场的目的。

（4）协会牵头积极组建行业电商联盟。随着网络经济的不断培育和发展，电商联盟已被越来越多的企业认可，它是加强产业协同、发挥优势互补、保持产业持续繁荣的有效载体。要有效发挥温州"中国包装名市""中国包装机械城""中国印刷城"等名牌效应，加快组建"温州包装行业电商联盟平台"，为温州乃至中国包装业的繁荣、昌盛、发展搭建全新的行业垂直服务平台。

## 四、部分调研资料

数据来自温州市包装联合会印刷包装产业发展规划。印刷包装产业集群重点投资项目汇总（部分）见表1-1。

表1-1　印刷包装产业集群重点投资项目汇总（部分）

| 序号 | 企业名称 | 项目名称 | 项目所在地 |
|---|---|---|---|
| 1 | 温州临港包装有限公司 | 年产以纸代木新材料环保垂型3A瓦楞纸板5000万平方米投资项目 | 苍南县 |
| 2 | 温州宝坤科技有限公司 | 年产9亿枚（数码印刷）标签生产线 | 苍南江南涂区 |
| 3 | 东经控股有限公司 | 温州东经包装有限公司（苍南园区）基建项目 | 苍南县灵溪镇 |
| 4 | 温州金臻网印科技有限公司 | 年产3000台（套）多色丝网印刷设备生产线 | 苍南县 |
| 5 | 浙江亚龙贴纸印业有限公司 | 年产1000万平方米高档壁纸贴生产线项目 | 苍南县 |
| 6 | 温州崇坤印业有限公司 | 年产320万平方米立体印刷品及年产700t注塑产品技改项目 | 苍南县 |
| 7 | 温州泰山印业有限公司 | 年产100万色令高档数字印刷制品投资项目 | 苍南县 |
| 8 | 浙江文泰印业有限公司 | 技改扩建项目 | 苍南县 |
| 9 | 温州帝胜实业有限公司 | 年产20000万套国际品牌消费品包装印刷生产项目 | 温州经济技术开发区滨海园区D506-a-3 |
| 10 | 温州新盟包装有限公司 | 兴建年产5亿只环保、新型、绿色高中档食品及饮料包装制品生产线及厂房建设项目 | 温州市瓯江口新区半岛起步区A-10g-1、A-10g-3地块 |
| 11 | 温州安阳印业有限公司 | 年新增2万色令印刷品技改项目 | 瑞安市经济开发区（东山） |
| 12 | 浙江华彩印业有限公司 | 新增年产500万只包装盒、100万本商务用纸技改项目 | 瑞安市区（南滨） |
| 13 | 浙江顺福印业有限公司 | 年产58万色令高档广告纸技改项目 | 苍南县 |

续表 1-1

| 序号 | 企业名称 | 项目名称 | 项目所在地 |
|---|---|---|---|
| 14 | 浙江五丰印业有限公司 | 年产 50 万色令高档广告印刷品技改项目 | 苍南县 |
| 15 | 浙江五丰印业有限公司 | 年产 50 万色令高档广告印刷品技改 | 苍南县 |
| 16 | 温州台港印业有限公司 | 年产 8400t PVC 高档食品包装膜技改项目 | 苍南县 |
| 17 | 南塑集团有限公司 | 年产 1000t 珠光膜纸塑复合材料及制品技改 | 苍南县 |
| 18 | 新雅投资集团有限公司 | 年产 30 万色令高档广告、包装装潢系列印刷品技改 | 苍南县 |
| 19 | 浙江驰优包装有限公司 | 年产 15 万色令高档广告、包装装潢系列印刷品技改 | 苍南县 |
| 20 | 温州市亚美包装有限公司 | 年产 30 万色令高档广告印刷品技改 | 苍南县 |
| 21 | 浙江兴港印业有限公司 | 年产 20 万色令广告、包装装潢系列印刷品技改 | 苍南县 |
| 22 | 苍南县来茂印业有限公司 | 年新增 20 万色令高档广告包装装潢系列印刷品技改 | 苍南县 |
| 23 | 温州市润佳印业有限公司 | 年产 30 万色令高档广告系列印刷品技改 | 苍南县 |
| 24 | 苍南精诚印业有限公司 | 年产 5000 万平方米彩印包装涂布材料技改 | 苍南县 |
| 25 | 温州东田制版有限公司 | 年新增 60000 根特种电雕版生产线技术改造项目 | 苍南县 |
| 26 | 浙江艾克印刷有限公司 | 年新增 15 万色令广告、包装装潢系列印刷品技改 | 苍南县 |
| 27 | 苍南富力包装材料有限公司 | 年产 2500t 新型生态包装材料生产线技改 | 苍南县 |
| 28 | 温州台港印业有限公司 | 年产 15 万色令高档广告印刷技改 | 苍南县 |
| 29 | 浙江通达印业有限公司 | 年产 3000 万副高档扑克生产线技改 | 苍南县 |
| 30 | 温州衫友文具礼品有限公司 | 年产 13 万色令高档包装装潢系列印刷品技改 | 苍南县 |
| 31 | 温州福瑞达印务有限公司 | 年产 20 万色令高档广告印刷品技改 | 苍南县 |
| 32 | 立可达包装有限公司 | 年新增 1250t 自然透气水松纸技术改造项目 | 温州经济技术开发区 |
| 33 | 温州立可达印业有限公司 | 年新增 10 万大箱高档印刷品技术改造项目 | 温州经济技术开发区 |
| 34 | 温州博德包装材料有限公司 | 新增年产 10000t 镀铝纸及 40 亿套啤酒商标 | 温州经济技术开发区 |
| 35 | 温州市日高包装机械有限公司 | 智能模块化软管包装生产线的研发及产业化 | 鹿城区藤桥工业区 |

印刷包装产业集群公共服务平台建设汇总表见表1-2。

表1-2 印刷包装产业集群公共服务平台建设汇总表

| 序号 | 平台名称 | 建设主体名称 | 实施所在地（市，县） | 竣工时间 |
|---|---|---|---|---|
| 1 | 中国整体包装解决方案研发中心 | 东经控股有限公司 | 瓯海区 | 2014年12月 |
| 2 | 温州市包装装备制造业技术研发创新服务中心 | 华联机械集团有限公司 | 瓯海区 | 2014年12月 |
| 3 | 包装装备进出口电子商务暨信息咨询服务中心 | 温州日高包装机械有限公司 | 鹿城区 | 2014年12月 |
| 4 | 温州市印刷行业研发中心 | 温州市印刷行业协会、浙江工贸职业技术学院 | 浙江工贸学院 | 补建 |
| 5 | 温州市印刷产品检测中心 | 温州市印刷行业协会、浙江工贸职业技术学院 | 浙江工贸学院 | 补建 |

列为国家级高新技术企业名单有：

（1）东经控股有限公司。

（2）华联机械集团有限公司。

（3）浙江迦南科技股份有限公司。

（4）浙江三浃包装有限公司。

（5）浙江华岳包装机械有限公司。

（6）浙江炜冈机械有限公司。

（7）瑞安市华威印刷机械有限公司。

（8）浙江劲豹机械有限公司。

（9）浙江国威印刷机械有限公司。

（10）立可达包装有限公司。

（11）浙江金石包装有限公司。

（12）浙江华联制药机械股份有限公司。

（13）温州正润机械有限公司。

（14）温州日高包装机械有限公司。

（15）温州市鑫光机械有限公司。

（16）温州中科包装机械有限公司。

（17）温州科强机械有限公司。

（18）瑞安市瑞华吸塑机械有限公司。

（19）工正集团有限公司。

（20）浙江飞云科技有限公司。

列为温州地区部分规模型包装机械企业名单有：

（1）华联机械集团有限公司。

（2）浙江迦南科技股份有限公司。

（3）浙江炜冈机械有限公司。

（4）温州欧利特机械设备有限公司。

（5）雁峰集团有限公司。

（6）浙江三龙通用机械有限公司。

（7）浙江新立机械有限公司。

（8）浙江劲豹机械有限公司。

（9）温州正润机械有限公司。

（10）浙江兄弟包装机械有限公司。

# 第三节　"互联网+"模式下印刷包装产业转型对技能人才培养改革的思考

目前中国经济正进入新常态，其经济发展正从高速增长转向中高速增长阶段，经济增长实现结构化调整与转型。在此背景下，国家大力倡导产业转型升级，鼓励企业创新发展。同时，国务院总理在政府工作报告中也多次提出，互联网是我国最具创新能力的行业，并提出了"互联网+"行业的发展新思路。因此，积极探索"互联网+印刷包装"产业的发展新模式有着非常积极的意义。

## 一、印刷包装业的发展现状

我国印刷包装产业经过 30 多年快速发展，已经成为国民经济支柱产业之一，数据显示，2014 年，全国包装工业总产值达到 14800 亿元，2016 年我国包装工业总产值达到 18638 亿元。并形成了材料、制品、机械、包装印刷、设计和科研等门类齐全的较完整的包装产业链。以温州地区为例，作为中国印刷包装业的代表性城市，"中国印刷城""中国包装名市"在温州落户，温州印刷包装业每年以10%以上的速度发展。据温州市包装联合会统计数据显示，2019年，温州全市611家规模以上包装企业全年实现工业总产值400亿元以上。但近几年，随着国内经济受到各种因素的影响，温州地区加工制造业受到了较大的冲击，作为中下游的印刷包装产业也是重灾区之一。如何提升产业发展模式适应国内经济新常态尤为重要，也是行业诸多从业者热切关注的焦点。

随着互联网行业的快速发展，消费市场对电子商务的熟悉和认可，网络印刷也越来越多被市场认同。根据近几年部分报道数据显示，仅淘宝网每年的印刷业务量就高达28亿元，加上大宗电子商务印刷，网络印刷实现总产值超过400亿元，大部分以商务短版印刷为主。随着计算机技术的发展以及网络电子商务的普及，网络印刷正以每年超过200%的速度递增。在此背景下，不少行业内专家学者越来越重视传统印刷包装业与互联网相结合的契机，积极探索"互联网+"模式下的印刷包装业的转型升级带来的机遇。实现模式探索与研究，以期促进温州地区印刷包装产业在国内大力创导"互联网+"模式下的转型与升级。

2012年以来，传统制造业的转型与升级迫在眉睫，印刷包装产业作为温州的重要产业之一，在经济新常态下加快改革步伐，积极探索"互联网+"模式下的印刷包装业转型模式有着非常积极的意义。探索适合温州印刷包装产业的云印刷实现模式和有效路径，可为温州地区印刷包装产业的转型升级提供参考性的建议。

## 二、传统印刷包装转型升级基本模式和可行性路径

传统印刷包装企业面对产业转型升级，应该充分参考部分发达地区成果转型升级的成功案例进行深度学习，比如政府大力提倡推行和实施的"两化融合""互联网+"等模式，积极引导和改造现有的经营模式，提升企业的竞争力和生产经营管理效率等，加强在新经济模式下的企业活力。分析国内外转型升级较为成功的企业，主要体现在生产设备的转型升级、经营管理模式的转型升级以及经营管理理念的升级等。

（一）生产自动化、装备智能化

传统印刷包装企业转型升级的第一重要要素，就是积极改造传统的生产

加工设备，提升设备的产品定位和生产效率及服务能力。其中，生产自动化是核心要素之一。生产自动化一般包括生产加工过程自动化、物料存储和输送自动化、产品检验自动化、物料装配自动化、产品设计及生产管理信息处理自动化等多个方面。企业在大规模深度推进生产自动化的条件下，人的职能主要是系统设计、组装、调整、检验、监督生产过程、质量控制，以及调整和检修自动化设备和装置。

据行业协会统计数据，目前国内包装机械行业的发展状况较为良好，每年仍能保持10%左右的增长，但是常见的包装机械产品由于品种少、技术水平偏低、产品可靠性差等多种因素，竞争激烈。面对产业转型和升级以及社会需求的改变，装备智能化成为运输包装设备发展的重要趋势之一。因此，行业亟须加强装备和生产线的可靠性、安全性、无人作业性等自动化水平。积极推进装备的现代化高精技能、电子技能、微电子技能、含糊技能等，实现新型物流包装机械机电一体化，加强竞争是产业发展的主要方向。

传统印刷包装企业积极推进生产自动化有着非常积极的意义，一方面可以较好地提高企业生产经营效率，提升企业单位时间内的生产产品和加工质量等；另一方面在人力资源成本越来越高的背景下，充分采用机器代人的运作模式，更加符合当下产业发展方向，也是当下可循环经济模式下的必由之路。具体到不同的印刷包装企业而言，在积极推行生产自动化的背景下，还应该充分考虑到自身的定位、产品的定位、订单多少、服务能力以及自身经济能力等多个方面。

（二）经营管理信息化

管理信息化是以信息化带动工业化、实现企业管理现代化的经营过程，在企业生产经营过程中将现代信息技术与先进的管理理念相融合，转变传统的企业生产方式、经营方式、业务流程、传统管理方式和组织方式等，完成企业内外资源的优化和整合，提高企业工作效率和效益、增强企业竞争力。管理信息化是为达到企业目标而进行的一个过程，管理信息化不是 IT 与经营管理简单的结合，而是相互融合和创新，管理信息化是一个动态的系统和一个动态的管理过程。

经营管理信息化过程应该考虑企业的经营规模，在条件允许的情况下，逐步完善和更新，在不增加企业运作成本或者较少增加成本的前提下，循序渐进推进与深化。同时在完成信息化的经营管理过程中，要不断提升管理人员的思想意识和经营管理理念，使其与企业的更新升级同步。

（三）产品数字化

印刷包装产业数字化是时代发展的重要趋势，相对企业产业更为清晰、明朗。在数字经济时代，产品可不必再完全通过实物载体形式提供，可在线通过网络传送给消费者，因此产品数字化有着非常积极的意义。数字印刷发展速度远高于传统行业，2012 年，中国数字印刷企业共有 738 家，比上一年增长 40%；全国共有生产型数字印刷设备 2354 台（套），比上一年增长 32%；中国数字印刷总产值为 62.9 亿元，比上一年增长 81.8%，数字印刷产值占行业总产值的比重从 0.4%上升到 0.66%。数字化产品的特征主要表现在以下几个方面：

（1）存货形态无形化物质产品，包括原材料、产成品、库存商品等都表现为一定的实物形态。

（2）生产过程虚拟化物质产品，即使是跟数字化产品较接近的出版印刷品，其生产过程也表现为产品如何从原材料形态，经过若干生产步骤最后形成产品的过程。

（3）收益模式自由化物质产品的交易，一般以失去商品的所有权或控制权，获得收入权作为企业的收入。

（4）销售过程网络化物质产品，即使通过网络进行销售也属不完全电子商务，即商品始终要运输、装卸。

（四）营销网络化

营销网络化是以网络为工具的系统性的经营活动，它是在网络环境下对市场营销的信息流、商流、制造流、物流、资金流和服务流进行管理。策划人员必须以系统论为指导，对企业网络营销活动的各种要素进行整合和优化，使"六流"皆备，相得益彰。

事实上，随着"互联网+"时代的到来，网络营销、电子商务等已成为产业升级的重要发展方向之一，也是时下营销的重要模式。淘宝网络印刷订单的快速增长就充分体现了市场经济模式的改变，诸多行业都在积极应用互联网工具为自身的发展提供新的内涵，传统印刷包装业的转型发展也应该积极地利用互联网工具，探索属于自己的"互联网+"的运作模式。

通过资料查询，2000~2009年美国云印刷在商业印刷产值的占比从3%上升至15%，行业占比提升是云印刷快速增长的主要原因。美国成功案例：Shutterfly是围绕照片满足个人印刷需求，公司通过不断完善和更新免费高质量储存云服务，持续扩大用户规模，根据公司规划实现品牌整合、开发新产品以及拓展移动端。2014年营业收入9.2亿美元，客户数921万人，订单数2177万个。

国内也有许多传统印刷包装企业转型接触云印刷并取得成功的案例，如盛通股份（002599）、长荣股份（300195）、凤凰传媒（601928）等均已开始逐渐展开云印刷等相关业务经营活动，积极探索"互联网+"印刷包装业的经营新模式和新的利润增长点。

### 三、"互联网+"模式下印刷包装产业转型对技能人才培养改革的思考

#### （一）重审技能人才培养定位

"互联网+"产业发展模式的不断深化，已经高度影响国民生活和产业发展。因此，在培养传统优势产业专业技术技能型人才的同时，必须充分考虑到如何与"互联网+"产业的发展模式相融合。不断优化与调整现有的高技能人才培养模式、课程体系、技能实训等，在优化传统的人才培养方案的基础上，提升新生的技术技能型人才、了解新模式流程和发展，并且能够适应其发展和岗位要求的变更。

在整个社会大力推行"互联网+"模式下，作为传统的印刷包装产业也在积极地融入"互联网+"，因此在优化传统高技能人才培养方案和课程设计的时候，应该适当导入"互联网+"课程的方式。如创新创业课程设计的时候，可以适当采取"互联网+创业案例"；部分和印刷包装专业相关的课程，比如个性化印刷接单等课程案例或实训，可以采取"互联网+"的仿真式模式开展。

#### （二）优化和调整课程体系

温州过去主要是传统的加工制造业，随着经济的快速发展、数字经济的不断发展，"互联网+"产业的发展模式日新月异，因此，如何培养适合数字

经济模式下的传统优势产业技术技能型人才是每个教育者的关注焦点。作者在修订人才培养方案的过程中，经过了多次的调研，在对行业发展有了足够了解的基础上，提出了加强以下几个方面的建议：

（1）适当调整和优化专业课程。过去一个专业有几十门专业课程，事实上，根据不同层次的培养定位，有些课程暂时是不需要的，因此必须紧密结合专业的定位，结合核心能力打造"金课"，淘汰"水课"。在满足不同层次专业定位的基础上，实现理论够用适用。

（2）优化实训体系，构建部分与"互联网+"相融合的实训教学。结合行业发展趋势及行业发展的实际案例，在高职教育中优化原有的实训教学体系，适当构建部分与"互联网+"相融合的实训教学，让学生提前了解和掌握部分专业技能，以便更好地融入行业发展。

（3）构建校外实训基地。加强与"互联网+产业"融合度较好的企业建立校企合作关系，加强互动与交流，一方面可以邀请相关的专家到学校为专业学生召开专题讲座；另一方面，通过企业见习或生产性实习等方式，弥补学校办学资源不足等缺陷。

### 四、小结

企业的转型升级是经济发展的重要体现，尤其是国内新经济时代。随着互联网经济时代的到来，行业和企业如何找到适合自己的"互联网+"，增强企业的生命力和竞争活力，还是需要审时度势，不能一哄而上，否则容易事倍功半。

## 第四节　浙江省民营印刷包装企业技能人才开发与分析

浙江省印刷包装业以发展速度快、产品定位全、市场占有率高等特点成为长江三角洲，乃至国内印刷包装业的典范。据行业协会统计显示，浙江省印刷包装业在1995～2005年，年增速高达15%以上，近几年，年增速也高达6%以上。然而随着行业的快速发展，紧缺的技术管理人才、滞后的人才培养开发模式与快速膨胀的行业及先进的生产工艺、设备等形成了鲜明落差和对比，其间的矛盾也日益激化。如何改善浙江省民营印刷包装企业技术管理人才落后局面，适应市场发展需求，成为行业关注的焦点。

## 一、行业人才现状

印刷包装业属于劳动密集型行业，从业人员的文化素质和学历水平较低，受过系统化专业教育的中高级技术管理人才比例严重偏低。以温州地区为例（温州印刷包装业在浙江省相对集中，享有"中国印刷城"的美称），根据2012年第5期《中国印刷》杂志报导，温州市有各类包装企业5000多家，其中规模以上包装企业1300多家，占浙江省行业产值的1/3，从业人员12万人。根据本人和教学团队于2012年对温州的几家大型企业调研和采集的数据显示，3家样本企业从业人数约1200人，其中本科及以上学历30余人，大专学历110余人，累计占比12%，从业人员中科班出身或接受过专业系统教育的技术管理人数不超过30人，比例不到3%；2018年再次走访企业调研时，数据明显上升，专科及以上学历的人数约为30%，从业人员中具有助理包装工程师、助理印刷工艺师及以上职称的约占10%以上。但是从业人员的年流动率在20%以上，一线操作人员的流动率甚至超过30%。

目前，行业高级技术管理人才主要来自三个方面：

一是多年经验积累的技术人员，比例在一半以上，从业时间长，一般在8年以上，理论知识不够系统化，生产管理过程中大部分靠经验和习惯操作。

二是印刷包装技术学院培养出来的专业学生，有一定的理论基础，也经历了行业的熏陶，生产管理过程中能够理论结合实际，但是比例偏低。

三是经过行业培训的技术管理人员，从业时间长，并且接受过一定的理论培训，能够较好地适应岗位，但是人员比例不高。

显然随着行业的发展和地方政府的扶持，地方政府、劳动部门、行业协会等也开始为紧缺的技能人才出谋划策，如上岗培训、地方职称评定、行业名师名家评定、鼓励地方高职学院创办相关专业等；但是随着生产设备、生产工艺的不断创新，尤其是数字印刷时代的到来，人才缺口仍然非常严重。

## 二、行业人才培养存在的问题

浙江省印刷包装业经过20多年的快速发展，不少企业已由"家庭小作坊"，发展到现在的规模型企业，年产值上千万，甚至上亿，然而随着行业竞争的日趋激励，微利时代的逐渐走近，民营企业人才问题也日趋严重。调研过程中发现不少民营印刷包装企业在人力资源管理和人才引进、培养、开发

上都存在以下普遍问题:

（1）企业扩张过快，人员结构不合理，技术管理人才的比例严重偏低，不少企业仍然保留着"家族式"管理模式。

（2）从业人员流动性过大，部分企业年流动性高达30%以上，三年实现"大换血"，企业在稳定人员机制上不健全，缺乏关键岗位和技能管理人才的有效保护。

（3）大部分民营印刷包装企业缺乏长期人才引进、培养、开发计划，仍然保留着"拿来就用"的习惯性思维；和人才培养单位的合作力度远远不够，对员工的在职学习重视不够；同时还存在企业老总因担心培养的技能人才更加容易跳槽，所以不愿意培养的现象。

（4）劳动部门和行业组织的关心力度和扶持力度有待提高。国内随着经济的发展，相关培养印刷包装的院校数量也发生了明显收缩，不少高校考虑到学生第一志愿的填报情况等，调整了印刷包装专业。以浙江省为例，2010年之前开办印刷包装专业的院校有两大阵营，本科院校有3所，分别是浙江科技学院、杭州电子科技大学、浙江理工大学等；高职学院有4所，浙江东方职业技术学院、浙江工贸职业技术学院、义乌工商职业学院、浙江纺织职业技术学院。后来经过专业调整，现在开办印刷包装专业的学校只有4所，部分院校直接取消了印刷包装专业的招生，部分院校收缩了专业数和招生数等。因此，对行业高层次人才的培养也产生了一定的影响。

## 三、技能人才开发的思考和建议

人才是企业发展的命脉，特别是近几年来印刷包装行业已由暴利时代走向微利时代，行业竞争的白热化，使人才问题越来越成为产业发展的核心问题。在这种情况下，中小型印刷包装企业要保持强有力的竞争力，就必须在人才培养与开发上下功夫。

### （一）企业应该建立长期人才引进、培养、开发机制

（1）加强炼内功，有效推行在职员工再学习。民营印刷包装企业必须制定鼓励政策和考核制度，鼓励和鞭策现有的技术管理骨干进行在职学习，提高理论水平和岗位技能，以适应行业的快速发展。

在职学习方式采取多样性，比如："老带新""专家讲授"等，培训过程

不能流于形式，应该具有针对性和选择性，并有一定的考核制度。

（2）建立稳定的人才引进、培养、开发的长期计划。民营企业光靠自身内部培养往往满足不了企业长期稳定发展的需要，为了加快发展步伐，企业必须建立相对稳定的人才引进、培养、开发机制，促使人才结构合理化和完善化。

（3）建立稳定保护制度。很多民营印刷包装企业技能型人才工资不高、岗位晋升难、缺乏人才激励机制，导致高技能人才和关键岗位人才引不来、留不住。因此企业必须建立有效的保护体系，针对部分关键特殊岗位和技术管理岗位，采取适当的保护机制和激励机制，实现"待遇留人，感情留人，事业留人"。

（二）加强印刷包装职业技术教育，实现校企合作

（1）加强印刷包装专业高职教育。职业技术教育是近几年比较盛行的教育方式之一，职业技术教育鲜明地提出了培养高等技术应用型人才。高职学院应该充分结合地方产业的人才需求，建立和培养对应的专业技术人才，同时通过加强校企合作，采用"订单式""合作式"等多种模式培养人才。

（2）建立和加强社会职业技术教育。建立符合现代印刷高技能人才培养与认证的最新体系与标准和自主学习与远程教育的共享型、网络化专业教学资源平台。

应针对印刷包装企业员工或进城劳务工参加继续教育和远程教育，对专业学习时间和地点的设置弹性化，建立可以于满足自主学习和远程教育的共享型、网络化的完善的印刷技术专业教学资源平台。研究、开发和建立一整套全新的印刷新职业工种的高技能人才培养与认证体系，及时调整和淘汰传统落后的职业资格认证体系。

（3）借鉴国外的印刷包装人才培养模式。德国是世界四大印刷中心之一，这与德国印刷包装人才培养模式有很大的关系。德国主要采取企业教育和学校教育相结合的"双元制教育体系"，即学生选择印刷行业之后，与企业签订学徒合同，选择设有印刷专业课程的职业学校学习。在3年学习期间，学生在学校学习印刷相关基础理论知识和专业理论知识，每周大约2天时间在校学习，而其他3天到签订合同的企业进行实践学习。3年后进行毕业考试，学生将会获得具有学徒期满的就业证书和职业深造的资格证明双重作用的毕业

证书。这种人才培养模式可以让学生将理论与实践紧密结合，即用理论指导实践，用实践检验理论。

## 四、提高行业协会及劳动部门的扶持和关心力度

行业的发展以及行业人才的培养与地方政策的关心和扶持力度有着密不可分的关系，行业协会必须加强同地方劳动部门的联系，为地方民营企业的人才引进、人才培养和开发提供一定的平台和环境，在内外部互动的有利环境下，逐年推荐和完善。

总之，印刷包装业是一门综合性较强的行业，行业技能人才培养任重而道远，需要企业、社会及高校的共同努力来完成。我们有理由相信，当印刷包装人才培养体系日趋完善之后，就有越来越多的技术管理综合型合格人才走向岗位，我国的印刷包装技术人才缺乏的现象一定能够在不久的将来得到解决。

## 参 考 文 献

[1] 唐柱斌，冯世梁，黄伟立，等. 制造业"两化"融合实现模式和路径研究——以温州市物流包装行业为例 [J]. 中国包装工业，2014，16：87~88.

[2] 肖志坚. 低碳经济下印刷包装业的发展前景 [J]. 中国出版，2011，10：43~45.

[3] 肖志坚. 微利时代温州印刷业走出困境的几点思考 [J]. 现代经济信息，2008 (4)：111.

[4] 肖志坚. 浙江省民营印刷包装企业技能人才开发的研究 [J]. 商场现代化，2008，31：252~253.

[5] 杨道文，肖志坚. "互联网+"模式下的印刷包装业转型升级实现模式思考与探索 [J]. 知识经济，2016 (9)：67~68.

[6] 肖志坚. 高职印刷技术专业凹印实训教学体系构建与实施研究 [J]. 中国出版，2010 (2)：30~32.

[7] 叶茜茜，肖志坚，叶菲菲. 畅谈在校生创办"个性条幅工作室" [J]. 中小企业管理与科技 (上旬刊)，2010 (12)：159~160.

[8] 肖志坚. 凹版印刷实训中"生产式"教学模式研究 [J]. 成功 (教育)，2009 (10)：70~72.

[9] 夏良耀. 完善高职实训教学体系的对策 [J]. 职业技术教育，2006 (6)：18~20.

[10] 谭斌昭. 当代自然辩证法导论 [M]. 广州：华南理工大学出版社，2006.

[11] 肖志坚. 浙江省印刷包装行业技能人才开发研究 [J]. 商场现代化，2008，31：

270~271.

［12］万晓霞. 合作与双赢——武汉大学印刷与包装系校外实习探索［J］. 印刷经理人，2008（3）.

［13］谢一环，肖志坚. 凹版印刷操作教程［M］. 北京：化学工业出版社，2009.

［14］胡维友. 印刷包装专业高等职业教育实践教学的探索［J］. 印刷世界，2007（8）.

［15］孟婕，张小文，白家旺，等. 高职印刷包装专业实践教学的改革［J］. 印刷世界，2006（11）.

# 第二章 高职印刷包装专业课程开发与案例分析

为了更好探索高职层次的印刷包装业技能人才开发和培养，作者在撰写本章节内容时，参考了浙江东方职业技术学院的包装策划与设计专业、数字印刷技术专业等专业的人才培养方案、课程标准及相关的教学改革等。

## 第一节 高职包装策划与设计专业人才培养方案设计

**包装策划与设计** ［610401］

### 一、招生对象

普通高中毕业生/中等职业学校毕业生。

### 二、学制与学历

全日制三年，大专学历。

### 三、就业面向（领域）

本专业毕业生主要面向浙江省包装、印刷行业，重点是纸包装、塑料包装、包装机械制造、广告公司等企业。

（1）主要就业岗位：包装设计、广告设计、包装工艺技术员、包装印刷和成型加工技术员。

（2）次要就业岗位：印刷包装企业管理、制图员、物流包装管理、淘宝美工。

### 四、专业培养目标

本专业结合区域经济社会发展对人才的需求，对接包装、印刷、计算机图文及出版类产业，依托包装印刷行业，与包装、印刷、计算机图文类企业合作，培养包装设计、包装技术领域具有德、智、体、美全面发展，具有良好的职业道德和创新精神，掌握包装材料选用、包装设计软件使用、包装印刷原理及成型工艺等基本知识，具备面向岗位、岗位群工作的材料选用和质量控制、工艺和图文设计、印刷和成型及质量和管理等方面的技术与技能，具有职业生涯持续发展能力的高素质技术技能型人才。

### 五、专业人才培养规格

专业人才培养规格见表2-1。

**表 2-1　专业人才培养规格**

| | | | |
|---|---|---|---|
| 职业素养 | | | （1）具有对包装行业新知识、新技能的学习能力和创新能力；<br>（2）具有通过不同途径获取信息的能力，能记录、收集、处理、保存各类专业技术的信息资料；<br>（3）掌握包装制品的生产加工工艺流程，能熟练使用常用包装设计软件进行设计，了解常见的印刷品质量检测等；<br>（4）具有从事包装专业工作的安全生产、环境保护、职业道德等意识，能遵守相关的法律法规；<br>（5）具有团队合作、协调人际关系的能力和一定的生产管理能力 |
| 分方向知识、能力结构 | 包装策划与设计方向 | 知识结构 | （1）掌握与专业相关的计算机基础知识；<br>（2）掌握一定的专业英语知识，能够借助相关资料进行阅读和学习；<br>（3）掌握一定的包装制品的基本设计流程和常见的设计创意与打样等 |
| | | 能力结构 | （1）能熟练使用常用检测仪器仪表，操作各类办公软件和常规的作图软件；<br>（2）了解常规包装制品的生产工艺技术，包括材料选用和检测、包装制品工艺设计、包装印刷技术、包装产品质量检测和控制、常规包装机械的操作和使用等；<br>（3）熟练掌握常规包装产品的图文设计、结构设计等，能够借助计算机等工具进行一定程度的创意、创作和设计打样等；<br>（4）取得至少1种本专业工种相关的中级工及以上职业资格证书 |
| | 包装工艺与印刷方向 | 知识结构 | （1）掌握与专业相关的计算机基础知识；<br>（2）掌握一定的专业英语知识，能够借助相关资料进行阅读和学习；<br>（3）掌握一定包装、印刷企业的基本生产工艺和车间管理的理论和方法等 |
| | | 能力结构 | （1）了解常规包装产品的图文设计、结构设计等，能够借助计算机等工具进行一定程度的制作和创作；<br>（2）熟悉常规包装制品的生产工艺技术，包括材料选用和检测、包装制品工艺设计、包装印刷技术、包装产品质量检测和控制、常规包装机械的操作和使用等；<br>（3）能够结合本地的实际情况，组织和协调生产及管理；<br>（4）取得至少1种本专业工种相关的中级工及以上职业资格证书 |

### 六、毕业要求

（1）所修课程成绩合格，应修满148学分，课外学分11分。

（2）至少取得表2-2中一项职业资格证书。

职业资格证书见表2-2。

表2-2　职业资格证书

| 序号 | 职业资格证书名称 | 发证机关 | 相应职业岗位 |
|---|---|---|---|
| 1 | ISO 9000 包装印刷行业质量管理体系内审员资格证书 | 华夏认证中心有限公司 | 包装印刷企业管理 |
| 2 | 包装设计师 | 国际商业美术设计师协会 | 包装设计师、平面设计师、广告设计师 |
| 3 | （中级）平版印刷工 | 温州市人力资源和社会保障局 | 包装印刷工程师 |
| 4 | CAD 中级制图员 | 温州市人力资源和社会保障局 | CAD 制图员、包装结构设计与打样 |

## 七、核心岗位-能力分析

核心岗位-能力分析见表2-3。

表2-3　核心岗位-能力分析

| 序号 | 核心岗位 | 工作任务 | 能力要求 |
|---|---|---|---|
| 1 | 包装设计、广告设计、淘宝美工 | （1）包装图文设计与创意；<br>（2）包装结构设计与制作；<br>（3）包装图文复制与制品制作 | （1）能熟练使用 AUTOCAD、Illustrator、Coreldraw、Photoshop 等设计软件；<br>（2）能根据客户要求进行创意和设计；<br>（3）能将设计的图文与结构相结合，并打样 |
| 2 | 包装工艺技术员 | （1）包装工艺技术；<br>（2）包装制品检测与质量控制；<br>（3）物流运输包装设计与管理 | （1）熟悉常规包装制品的生产工艺，制定工艺订单；<br>（2）能够借助一定的仪器测量和评价纸包装容器质量；<br>（3）能够根据商品物流要求，设计包装容器，并进行管理和评价 |
| 3 | 包装印刷和成型加工技术员 | （1）包装印刷工艺；<br>（2）包装印刷设备操作；<br>（3）包装印刷品质量检测；<br>（4）包装品表面整饰加工；<br>（5）包装印刷品输出与成型 | （1）熟悉包装印刷常见种类和印刷原理；<br>（2）能够操作一般的印刷设备；<br>（3）能够借助检测仪器测量和评价印刷品质量；<br>（4）熟悉包装制品表面整饰的种类和基本工艺，能够完成工艺单的设计与填写；<br>（5）熟悉印刷品输出打印，会操作常用的印后加工设备 |

| 序号 | 核心岗位 | 工作任务 | 能力要求 |
|---|---|---|---|
| 4 | 包装管理 | 包装企业管理 | （1）熟悉包装企业管理的基本常识；<br>（2）在适当锻炼的情况下，能够进行常规的车间管理 |

## 八、专业核心课程简介

专业核心课程见表 2-4。

### 表 2-4　专业核心课程

| 序号 | 课程名称 | 课程目标及主要教学内容 | 技能考核项目与要求 | 学时 |
|---|---|---|---|---|
| 1 | 包装材料 | 通过本课程的学习，培养学生印刷包装材料选用及检测能力；<br>本课程主要内容包括各类包装印刷材料（纸，塑料、金属等）的生产、加工、应用、性能、质量标准及检测等 | 能够熟知各类包装材料的特性，并能够独立检测包装材料的质量 | 64 |
| 2 | Photoshop 修图 | 通过本课程的学习，培养平面设计、图片处理的能力；<br>本课程主要内容包括 Photoshop 图像处理软件的应用、具体工具的操作使用、产品效果图的设计、图片的处理等 | 会运用平面设计和色彩的基本知识，能够熟练掌握图像处理软件的能力 | 64 |
| 3 | Coreldraw 与图形创意 | 通过本课程的学习，培养包装设计的能力；<br>本课程主要内容包括 Coreldraw 软件的应用、工具的使用、书籍设计、海报设计、画册、宣传页设计等 | 能够熟练应用图形处理软件进行平面设计 | 64 |
| 4 | 包装印刷 | 通过本课程的学习，建立印刷知识体系、操作印刷设备；<br>本课程主要内容包括各类印刷基础知识与理论、包装印刷技术、包装印刷工艺等 | 能够针对不同包装品选择合理的包装印刷方式，熟悉各类印刷设备的操作 | 64 |
| 5 | 立体设计 | 通过本课程的学习，培养产品包装造型设计能力；<br>本课程主要内容包括立体设计软件的基本使用、纸质品包装容器的立体设计、包装容器的三维立体构思与设计等 | 能够对具体的产品，绘制三维立体效果图和造型 | 64 |
| 6 | 纸包装结构设计 | 通过本课程的学习，培养包装结构设计与制作能力；<br>本课程主要内容包括常见包装容器的基本种类、成型工艺和方法、结构打样因素等 | 掌握常规包装印刷品包装结构设计与制作，能进行常规的设计与制作，并能够操作结构打样机等 | 80 |

## 九、教学学时分配与课程体系

（1）教学环节时间分配见表2-5。

**表2-5　教学环节时间分配**　　　　　　　　　　（周）

| 学期 | 军训及专业教育 | 课堂教学 | 实训周（考证周等） | 毕业实践 | 机动 | 课程考核 | 总计 |
|---|---|---|---|---|---|---|---|
| 一 | 2 | 16 | 0 | 0 | 1 | 1 | 20 |
| 二 | 0 | 16 | 2 | 0 | 1 | 1 | 20 |
| 三 | 0 | 16 | 2 | 0 | 1 | 1 | 20 |
| 四 | 0 | 16 | 2 | 0 | 1 | 1 | 20 |
| 五 | 0 | 10 | 8 | 0 | 1 | 1 | 20 |
| 六 | 0 | 0 | 0 | 16 | 1 | 1 | 18 |
| 总计 | 2 | 74 | 14 | 16 | 6 | 6 | 118 |

（2）课程设置总表见表2-6。

**表2-6　课程设置总表**

| 课程类别 | 课程名称 | 学分 | 核心课程 | 计划学时 共计 | 计划学时 实践教学 | 考核方式 | 一 16周 | 二 16周 | 三 16周 | 四 16周 | 五 10周 | 六 16周 | 备注 |
|---|---|---|---|---|---|---|---|---|---|---|---|---|---|
| 素质课程模块 | 思想道德素质 | 9 | | 172 | 54 | C/S | 3+1 | 4+1 | +1 | +1 | | | 具体见素质课程模块设置表 |
| | 人文身心素质 | 10 | | 144+72 | 92+72 | C | 3+1 | 2+1 | +1 | +1 | +1 | | |
| | 创新创业素质 | 8 | | 120+24 | 46+24 | C | +1 | +1 | +1 | 1+1 | 2+1 | | |
| | 社会能力素质 | 6 | | 30+96 | 10+96 | C | +1 | +1 | +1 | +1 | +1 | | |
| | 科研能力素质 | 3 | | +72 | +72 | C | +1 | +1 | +1 | +1 | | | |
| | 文化基础教育 | 8 | | 158 | 42 | C | 8 | | | | | | |
| | 应修小计 | 44 | | 624+264 | 244+264 | | 14 | 6 | | 1 | 2 | | |
| 专业基础模块 | 包装概论 | 4 | | 64 | 14 | S | 4 | | | | | | |
| | 平面构成与效果图 | 3 | | 48 | 32 | S | 3 | | | | | | |
| | 机械制图及CAD | 4 | | 64 | 32 | S | | 4 | | | | | |
| | 包装材料 | 4 | √ | 64 | 14 | S | | 4 | | | | | |
| | 应修小计 | 15 | | 240 | 92 | | 7 | 8 | | | | | |

续表 2-6

| 课程类别 | | 课程名称 | 学分 | 核心课程 | 计划学时 | | 考核方式 | 学期分配周课时数 | | | | | | 备注 |
|---|---|---|---|---|---|---|---|---|---|---|---|---|---|---|
| | | | | | 共计 | 实践教学 | | 一 16周 | 二 16周 | 三 16周 | 四 16周 | 五 10周 | 六 16周 | |
| 专业实务模块 | | Photoshop 修图 | 4 | √ | 64 | 50 | S | 4 | | | | | | |
| | | Photoshop 修图实训 | 2 | | 48 | 48 | C | 2W | | | | | | 17~18W |
| | | Coreldraw 与图形创意 | 4 | √ | 64 | 50 | S | | 4 | | | | | |
| | | 包装印刷 | 4 | √ | 64 | 20 | S | | 4 | | | | | |
| | | 纸包装结构设计 | 5 | √ | 80 | 50 | S | | 5 | | | | | |
| | | 包装设计实训 | 2 | | 48 | 48 | C | | 2W | | | | | 17~18W |
| | | Illustrator 绘图 | 4 | | 64 | 50 | S | | | 4 | | | | |
| | | 文字信息处理与排版 | 4 | | 64 | 50 | S | | | 4 | | | | |
| | | 立体设计 | 4 | √ | 64 | 60 | S | | | 4 | | | | |
| | | ISO 9000 印刷包装行业质量管理体系内审员 | 2 | | 32 | | Z | | | 4 | | | | 1~8W |
| | | 包装印刷实训 | 2 | | 48 | 48 | S | | | 2W | | | | 17~18W |
| | | 应修小计 | 37 | | 640 | 474 | | | 4 | 13 | 14 | | | |
| 岗位方向模块（限选） | 包装设计与工艺 | 包装调研与方案创新设计 | 3 | | 60 | 40 | S | | | | | 6 | | |
| | | 纸包装印后加工工艺 | 2 | | 40 | 20 | S | | | | | 4 | | |
| | | 包装企业管理 | 3 | | 60 | | S | | | | | 6 | | |
| | | 包装综合实训 | 8 | | 192 | 192 | C | | | | | 8W | | 11~18W |
| | | 应修小计 | 16 | | 352 | 252 | C | | | | | 16 | | |
| | 印刷媒体设计与制作 | 3DMAX | 2 | | 40 | 20 | C | | | | | 4 | | |
| | | 广告设计 | 2 | | 40 | 20 | S | | | | | 4 | | |
| | | 书籍装帧 | 2 | | 40 | 20 | S | | | | | 4 | | |
| | | 印刷企业管理 | 2 | | 40 | | S | | | | | 4 | | |
| | | 印刷综合实训 | 8 | | 192 | 192 | C | | | | | 8W | | 11~18W |
| | | 应修小计 | 16 | | 352 | 252 | C | | | | | 16 | | |
| 专业选修课（任选） | | | 20 | | 328 | 164 | C | | 6 | 6 | 6 | 4 | | |

续表2-6

| 课程类别 | 课程名称 | 学分 | 核心课程 | 计划学时 | | 考核方式 | 学期分配周课时数 | | | | | | 备注 |
|---|---|---|---|---|---|---|---|---|---|---|---|---|---|
| | | | | 共计 | 实践教学 | | 一 16周 | 二 16周 | 三 16周 | 四 16周 | 五 10周 | 六 16周 | |
| 毕业实践模块 | 毕业实习 | 12 | | 288 | 288 | C | | | | | | 12W | |
| | 毕业综合实践报告 | 4 | | 96 | 96 | C | | | | | | 4W | |
| 总　计 | | 148+11 | | 2568+264 | 1610+264 | | 21 | 24 | 19 | 21 | 20 | 24 | |

注：1. 考核方式："S"表示考试，"C"表示考查，"Z"表示考证，表格中的"W"表示周。
　　2. 课时前冠"+"号的为课外课时，不计入学学时。
　　3. 两课（马克思主义理论课和思想政治教育课）、体育等课程不扣除独立实训周计算总课时，专业课程按课堂教学周计算总课时。
　　4. 公共选修课按4学时/学期计入第2~4学期的周课时数（总计）。

（3）素质课程模块设置见表2-7。

**表2-7　素质课程模块设置**

| 课程模块 | 课程名称 | 学分 | | 计划学时 | | 学期分配周课时数 | | | | | | 备注 |
|---|---|---|---|---|---|---|---|---|---|---|---|---|
| | | 必修 | 选修 | 共计 | 实践教学 | 一 16周 | 二 16周 | 三 16周 | 四 16周 | 五 10周 | 六 18周 | |
| 思想道德素质 | 思想道德修养与法律基础 | 3 | | 48 | | 3 | | | | | | |
| | 毛泽东思想和中国特色社会主义理论体系概论 | 4 | | 72 | 18 | | 4 | | | | | 考试 |
| | 形势与政策 | 1 | | 16 | | +1 | +1 | +1 | +1 | | | |
| | 军训与军事理论 | 1 | | 36 | 36 | 2W | | | | | | |
| 人文身心素质 | 大学生心理健康教育 | 1 | | 16 | 8 | 1 | | | | | | 集中8周 |
| | 体育 | 2 | | 68 | 64 | 2 | 2 | | | | | |
| | 《国学智慧》等公共选修课 | | 4 | 60 | 20 | 2~5学期任选两门，2学分/门 | | | | | | |
| | 身体素质测试 | | +2 | | | | | | | | | |
| | 文娱艺术修养 | | +1 | | | | | | | | | |
| | 体育技能竞赛 | | +1 | | | | | | | | | |
| | 文明寝室创建 | | +1 | +72 | +72 | 课外选修课程（项目）参照认定标准获取学分，至少获得3个选修学分 | | | | | | |
| | 日常行为规范 | | +1 | | | | | | | | | |
| | 心肺复苏技术 | | +1 | | | | | | | | | |
| | 安全培训教育 | | +1 | | | | | | | | | |

| 课程模块 | 课程名称 | 学分 | | 计划学时 | | 学期分配周课时数 | | | | | | 备注 |
|---|---|---|---|---|---|---|---|---|---|---|---|---|
| | | 必修 | 选修 | 共计 | 实践教学 | 一 16周 | 二 16周 | 三 16周 | 四 16周 | 五 10周 | 六 18周 | |
| 创新创业素质 | 大学生职业发展与就业指导 | 1 | | 18 | 8 | | | | 1 | | | 集中9周 |
| | 大学生自主创业培训 | 2 | | 42 | 48 | | | | | 2 | | 集中安排 |
| | 《创业基础》等公共选修课 | | 4 | 60 | 20 | 2~5学期任选两门，2学分/门 | | | | | | |
| | 职业生涯规划竞赛 | | +1 | +24 | +24 | 课外选修课程（项目）参照认定标准获取学分，至少获得1个选修学分 | | | | | | |
| | 新苗人才计划项目 | | +1 | | | | | | | | | |
| | 创新创业实践项目 | | +1 | | | | | | | | | |
| | "挑战杯"创新创业竞赛 | | +1 | | | | | | | | | |
| | 优秀创新设计作品 | | +1 | | | | | | | | | |
| 社会能力素质 | 《商务礼仪》等公共选修课 | | 2 | 30 | 10 | 2~5学期任选一门，2学分/门 | | | | | | |
| | 大学生社会实践 | +1 | +1 | +96 | +96 | 课外选修课程（项目）参照认定标准获取学分，至少获得1个必修学分和3个选修学分 | | | | | | |
| | 志愿服务 | | +1 | | | | | | | | | |
| | 无偿献血 | | +1 | | | | | | | | | |
| | 社团组织活动 | | +1 | | | | | | | | | |
| | 学生干部经历 | | +1 | | | | | | | | | |
| | 党校理论学习 | | +1 | | | | | | | | | |
| | 信息素养知识与实践 | | +1 | | | | | | | | | |
| 科研能力素质 | 英语、计算机等级考试 | +1 | +1 | +72 | +72 | 课外选修课程（项目）参照认定标准获取学分，至少获得1个必修学分和2个选修学分 | | | | | | |
| | 职业技能竞赛 | | +1 | | | | | | | | | |
| | 论文发表 | | +1 | | | | | | | | | |
| | 新闻通讯报道 | | +1 | | | | | | | | | |
| | 专利申请 | | +1 | | | | | | | | | |
| | 职业技能证书 | | +1 | | | | | | | | | |
| | 论坛讲座 | | +1 | | | | | | | | | |
| 文化基础教育 | 计算机基础 | 2 | | 32 | 32 | 2 | | | | | | C |
| | 大学英语 | 3 | | 48 | 0 | 3 | | | | | | S |
| | 高等数学（一） | 3 | | 48 | 0 | 3 | | | | | | S |
| | 《高等数学专升本》、《韩语》等公共选修课 | | 2 | 30 | 10 | 2~5学期任选一门，2学分，不足部分可用其他模块多修的公共选修课学分冲抵 | | | | | | |

注：具体课程要求参照相关文件。

（4）专业选修课程设置见表 2-8。

表 2-8 专业选修课程设置

| 课程名称 | 学分 | 计划学时 | | 考核方式 | 学期分配周课时数 | | | | 备注 |
| | | 共计 | 实践教学 | | 二 16周 | 三 16周 | 四 16周 | 五 10周 | |
| --- | --- | --- | --- | --- | --- | --- | --- | --- | --- |
| 文字录入 | 3 | 48 | 24 | C | 3 | | | | 二选一 |
| 办公文书写作 | 3 | 48 | 24 | C | 3 | | | | |
| 防伪印刷 | 3 | 48 | 24 | S | 3 | | | | 二选一 |
| 瓦楞纸箱加工与检测 | 3 | 48 | 24 | S | 3 | | | | |
| 物流包装 | 3 | 48 | 24 | C | | 3 | | | 二选一 |
| 数字印前技术设计 | 3 | 48 | 24 | C | | 3 | | | |
| 车间管理 | 3 | 48 | 24 | C | | 3 | | | 二选一 |
| 数字印刷 | 3 | 48 | 24 | C | | 3 | | | |
| 标识创意与设计 | 3 | 48 | 24 | C | | | 3 | | 二选一 |
| 印刷数学 | 3 | 48 | 24 | C | | | 3 | | |
| 数码摄影技术 | 3 | 48 | 24 | C | | | 3 | | 二选一 |
| 印刷色彩管理 | 3 | 48 | 24 | C | | | 3 | | |
| 素描 | 2 | 40 | 20 | C | | | | 4 | 三选一 |
| 专业英语 | 2 | 40 | 20 | C | | | | 4 | |
| 包装与销售心理学 | 2 | 40 | 20 | C | | | | 4 | |
| 应选小计 | 20 | 328 | 164 | | 6 | 6 | 6 | 4 | |

（5）独立实践教学环节安排见表 2-9。

表 2-9 独立实践教学环节安排

| 序号 | 实践教学项目 | 学期 | 周数 | 主要教学形式 | 内容和要求 | 地点 | 考核方式 | 学时数 |
| --- | --- | --- | --- | --- | --- | --- | --- | --- |
| 1 | Photoshop 修图实训 | 2 | 2 | 项目仿真实践 | 学会常用相机拍摄图片，并用 PS 修复和处理 | 实训室 | 电子作品 | 48 |
| 2 | 包装印刷实训 | 3 | 2 | 项目仿真实践 | 包装印刷理论及设备操作 | 实训室 | 实操 | 48 |
| 3 | 包装设计实训 | 4 | 2 | 项目仿真实践 | 包装容器结构设计和图文设计结合实训 | 实训室 | 作品或样品 | 48 |
| 4 | 包装综合实训 | 5 | 8 | 项目仿真实践 | 包装图文设计、包装工艺制定、包装容器结构设计与图文设计结合，制作包装容器 | 实训室（校外实训基地） | 作品或实训报告 | 192 |

续表 2-9

| 序号 | 实践教学项目 | 学期 | 周数 | 主要教学形式 | 内容和要求 | 地点 | 考核方式 | 学时数 |
|------|------------|------|------|------------|-----------|------|---------|--------|
| 5 | 印刷综合实训 | 5 | 8 | 项目实践或企业顶岗实习 | 印前设计、印刷设备操作、印刷工艺制定、印后加工及印刷品检测等 | 实训室（校外实训基地） | 作品或实训报告 | 192 |
| 6 | 毕业实习 | 6 | 12 | 实习 | 完成毕业实习规定的各项内容 | 校外 | 按毕业实习实施细则的规定考核 | 288 |
| 7 | 毕业综合实践报告 | 6 | 4 | 指导 | 完成毕业综合实践报告的写作和答辩 | 校外 | 按毕业综合实践报告、毕业设计（论文）管理规定（试行）考核 | 96 |

（6）教学学时比例见表 2-10。

**表 2-10 教学学时比例**

| 项目分配 | 素质课程模块 | 专业基础模块 | 专业实务课程 | 岗位方向模块 | 专业选修课 | 毕业实践 | 总课时 |
|---------|------------|------------|------------|------------|-----------|---------|--------|
| 数量 | 888 | 240 | 640 | 352 | 328 | 384 | 2832 |
| 比例/% | 31.4 | 8.5 | 22.6 | 12.4 | 11.6 | 13.5 | 100 |

## 十、指导性教学安排

### （一）生源及就业面向

本专业主要面向温州及浙江，适当辐射全国，以就业为导向，以基本理论够用为原则，以实践实训教学为主，强调学生动手能力，培养学生操作技能。推动工学结合，积极以项目式、任务驱动式、案例式等多种教学方式实现专业教学改革。

### （二）课程体系设计

本人才培养方案以第三次全国职业教育工作会议的精神为指导，以温州地区包装印刷行业发展状况以及人才需求调查结果为依据，根据教育部关于高等职业教育的培养目标和特点，改革人才培养模式，以培养高端技能型专门人才为目标，全面提高学生的基本能力和基本素质，主动适应社会市场经济发展的需要。

本人才培养方案以就业为导向，重视实用技能，全面提高学生的实际动手操作能力，以适应工作的需要；同时，注意使培养的人才能适应从单纯的技能型向"技能–管理"复合型转变。

本人才培养方案的整体结构以培养学生的实用技能为主干线；基本理论教学以应用为目的，以社会经济发展够用为度，专业课突出针对性和实用性。本教学计划重视实践能力的培养，加强实践教学环节，增加了实训、实习、实践的教学时间和内容，同时将一部分课程和一部分内容安排到实训室、实训基地和实践岗位进行。

（三）实训教学建设

根据人才培养方案的要求和企业用人及岗位技能的需求，以及学院的发展状况等多方面因素，专业积极调整人才培养过程中的实训教学环节，通过校内实训教学为主、校外实训为辅模式的有机结合，实现高端技能型人才的培养。

## 十一、专业办学基本条件

专业办学基本条件有：
（1）专业教学团队。
（2）教学设施。
（3）学习资源。

## 十二、教学建议

（一）人才培养定位

以学生为中心，根据学生的特点，课堂讲授与实验相结合，激发学生的兴趣，实行任务驱动、项目导向等多种形式的"做中学、学中做"教学模式。培养"能设计、能生产、能维护、能销售"面向生产一线的高端技能型专门人才。

（二）教学方法

教室与实验室结合，课程在实验实训室内实施，采用教、学、做一体的教学方法，实现做中学。与国内外知名企业合作，共建涵盖自动化主流技术的实训基地，将新技术、新理念及时引入教学，更新教学内容，促进课程和课程体系改革。

（三）教材

以岗位职力能力分析为基础，校企合作共同编写基于工作过程的教材，或采用有利于职业能力培养的高职教材。

（四）考核要求

在考核评价体系方面，重视知识与技能结合、校内校外并重。校内课程考核，基础知识考核与技能操作考核相结合，以技能考核为主；生产性实训课程，将实训过程考核与学习结果考核相结合，以过程考核为主；工学结合的课程考核，考核的重点放在对学生职业能力的掌握与提升方面，企业评价与学校评价结合。

实现教学的有效性，学习活动评价要有较强的包容性。要使评价能更好地促进学生的发展，必须突出能力的考核评价方式，体现对综合素质的评价；吸纳更多行业、企业和社会有关方面组织参与第三方考核评价。

## 十三、继续专业学习深造建议

本专业学生毕业后，可以到相应的岗位进行工作，如想继续深造，可以进行专升本、考研、到亚太等国际化合作院校进修及企业相应岗位深造等。

## 十四、人才培养模式及特色说明

重视实用技能，加强实践实训环节，适当减少系统化纯理论教学环节，全面提高学生的实际动手操作能力，以适应工作的需要。在实践教学中，强调与包装设计相关的优秀作品和获奖作品的收集与展示，突显专业学生和教师的优秀成果，提升专业的影响力和软实力；同时采用工学交替、任务驱动、项目导向、顶岗实习等工学结合教学模式，并把职业资格考核内容融入教学计划中，实现双证融通人才培养。

# 第二节　高职印刷技术专业人才培养方案设计

### 印刷技术［610402］

## 一、招生对象

普通高中毕业生/中等职业学校毕业生。

## 二、学制与学历

全日制三年，专科（高职）。

## 三、就业面向（领域）

主要面向浙江省印刷、包装产业，主要针对印刷行业进行印前图文信息处理，印刷产品的过程质量检测和控制，产品设计和工艺的开发，数字印刷机械的操作和维护、生产管理等岗位。

（1）主要就业岗位：印前图文信息处理、数字印刷、印刷产品设计和工艺开发等。

（2）次要就业岗位：出版社、商品生产和流通相关领域的技术和管理工作等。

## 四、专业培养目标

本专业培养具备良好的思想道德素质、遵纪守法、诚信、敬业、有责任心，掌握本专业必备的基础理论知识和专业知识，具有计算机应用能力及印刷专业技术应用能力，能适应印刷传媒业、印刷包装业、广告公司、数字写真业等岗位，并具有职业生涯持续发展能力的高端技能型印刷技术人才。

## 五、专业人才培养规格

（一）基本素质

（1）热爱祖国，拥护党的基本路线，熟悉马克思主义、毛泽东思想和中国特色社会主义理论体系的基本原理，具有科学的世界观、人生观和价值观，具备诚实守信、爱岗敬业的职业道德素质。

（2）具有对新知识、新技能的学习能力和创新能力。

（3）能熟练使用常用图形图像处理软件。

（4）具有从事本专业工作的安全生产、环境保护、职业道德等意识，能遵守相关的法律法规。

（5）具有团队合作、协调人际关系的能力。

（二）知识要求

（1）掌握计算机基础知识，以及与本专业相关的计算机知识。

（2）掌握数字成像的基本原理、彩色印刷复制的基本理论和实际生产过程。

（3）掌握色彩学、数字图文信息处理技术、数字印前技术、表面整饰工艺、印刷工艺、制版工艺等印刷基础知识。

（4）掌握一定的专业英语知识，能够借助相关资料进行阅读和学习。

（三）能力要求

（1）熟练操作各类办公软件和常规作图软件。

（2）熟悉常规印刷包装产品的图文设计等，能够借助计算机等工具进行制作和创作。

（3）熟悉市场营销和车间管理的基本理论和方法，能够结合本地的实际情况，组织和协调生产及管理。

（4）具备印刷生产工艺技术制定、数字印刷设备操作和质量检测及控制等相关技术。

## 六、毕业要求和职业证书

毕业要求：

（1）完成人才培养方案中各门课程的学习，毕业总学分达到 128 个学分。

（2）至少取得表 2-11 中一项职业资格证书。

职业资格证书见表 2-11。

表 2-11　职业资格证书

| 序号 | 职业资格证书名称 | 发证机关 | 相应职业岗位 | 备注 |
|---|---|---|---|---|
| 1 | ISO 9000 印刷包装行业质量管理体系内审员资格证书 | 华夏认证中心有限公司 | 印刷品质量检测与控制 | 首选取得 |
| 2 | 印前制作员/高级印前制作员证书 | 人力资源和社会保障部 | 印刷图文输入、处理、输出和管理等 | 鼓励取得 |
| 3 | 平版制版工证书 | 人力资源和社会保障部 | 印刷版材的制作及版材质量控制 | 鼓励取得 |
| 4 | 广告设计师证书 | 人力资源和社会保障部 | 印前图文设计 | 鼓励取得 |

# 七、工作任务与职业能力分析

工作任务与职业能力分析见表 2-12。

表 2-12　工作任务与职业能力分析

| 工作项目 | 典型工作任务 | 职业能力 |
|---|---|---|
| 印前处理技术 | 图文的输入 | (1) 能够录入文字；<br>(2) 能够完成图像扫描 |
| | 图像处理、图文制作及排版 | (1) 能够熟练使用图形制作软件；<br>(2) 能够熟练使用图像处理软件；<br>(3) 能够熟练使用图文排版软件 |
| | 制版技术 | (1) 能够熟练拼大版、制版；<br>(2) 能够控制印版质量 |
| 印刷图文复制技术 | 印刷设备操作 | (1) 能够完成印刷设备的基本操作；<br>(2) 能够调节印刷设备；<br>(3) 能够检测与控制印刷质量；<br>(4) 能够分析与排除常见印刷故障 |
| | 印刷工艺设计 | (1) 能针对不同产品进行印刷工艺设计；<br>(2) 能够选择与使用常见印刷材料；<br>(3) 能够检测产品质量与分析处理故障 |
| | 印刷质量控制 | (1) 能够检查印刷材料；<br>(2) 能够检查印刷过程；<br>(3) 能够检查印刷成品 |

续表 2-12

| 工作项目 | 典型工作任务 | 职业能力 |
|---|---|---|
| 印后处理<br>技术 | 装订 | （1）能够针对不同原稿选择合适的装订方法；<br>（2）能够熟悉书刊装订工艺流程 |
| | 表面整饰 | （1）能够针对不同原稿选择合理的表面整饰工艺；<br>（2）能够具有印品表面整饰加工的基本操作能力 |

## 八、职业能力课程设置

职业能力课程设置见表 2-13。

**表 2-13 职业能力课程设置**

| 课程<br>名称 | 工作任务 | 职业能力 | 课程目标及主要教学内容 | 技能考核<br>项目与要求 | 学时 |
|---|---|---|---|---|---|
| 印前<br>图像<br>处理 | 图文的<br>输入；<br>图像处<br>理、图文制<br>作及排版 | 能够录入<br>文字；<br>能够完成图<br>像扫描；<br>能够熟练使<br>用图像处理<br>软件 | 通过本课程的学习，培养学生运<br>用 Photoshop 软件进行图片处理、图<br>文合成和特效制作的能力；<br>本课程主要内容包括 Photoshop 软<br>件基本工具的应用、图层的应用、<br>通道的应用、滤镜的应用、图文合<br>成和特效制作等 | 能够利用<br>Photoshop 软件<br>进行图像处理、<br>图文合成和特<br>效制作等 | 64 |
| 数字<br>印刷<br>材料 | 印刷工艺<br>设计 | 能够选择与<br>使用常见印刷<br>材料 | 通过本课程的学习，培养学生具<br>备认识、应用、检测和选用印刷材<br>料的基本能力及分析和解决实际问<br>题的能力；<br>本课程主要内容包括各类印刷材<br>料（纸张、油墨、塑料、金属等材<br>料）的生产、加工、应用、性能、<br>质量标准及检测等 | 能够熟悉各<br>种印刷材料的<br>性能，并根据<br>实际印刷情况<br>选用印刷材料 | 68 |
| 印刷<br>图文<br>制作与<br>排版 | 图像处<br>理、图文制<br>作及排版 | 能够熟练使<br>用图形制作<br>软件；<br>能够熟练使<br>用图文排版<br>软件 | 通过本课程的学习，培养学生绘<br>制矢量图形、运用 Coreldraw 软件进<br>行排版及拼版的能力；<br>本课程主要内容包括矢量图形的<br>编辑、制作方法、Coreldraw 软件的<br>操作、版面制作、版面编排等处理 | 能够利用<br>Coreldraw 进行<br>图形制作和图<br>文排版 | 68 |

续表 2-13

| 课程名称 | 工作任务 | 职业能力 | 课程目标及主要教学内容 | 技能考核项目与要求 | 学时 |
|---|---|---|---|---|---|
| 印刷工艺 | 印刷工艺设计 | 能针对不同产品进行印刷工艺设计；能够选择与使用常见印刷材料；能够检测产品质量与分析处理故障 | 通过本课程的学习，培养学生熟练掌握平版、凸版、凹版及丝网印刷的原理及工艺技术过程的能力；本课程主要内容包括平版印刷、凹版印刷、柔性版印刷、丝网印刷及数字印刷的原理，印刷工艺技术控制及质量控制等 | 能够针对不同产品进行印刷工艺设计和产品质量检测等 | 68 |
| 色彩学 | 制版技术；印刷质量控制 | 能够熟练拼大版、制版；能够控制印版质量；能够检查印刷过程 | 通过本课程的学习，培养学生具备色彩相关的理论知识、学会使用各类颜色测量工具、理解彩色印刷过程中各种控制质量的能力；本课程主要内容包括颜色视觉产生的机理、颜色的定量描述与测量以及彩色印刷图像复制技术中有关颜色再现、色彩管理的各类相关内容 | 能够熟悉彩色印刷图像复制技术中有关颜色分解、颜色合成、色彩与网点、黑版的生成方法等 | 51 |
| 文字信息处理与排版 | 图像处理、图文制作及排版 | 能够熟练使用图形制作软件；能够熟练使用图文排版软件 | 通过本课程的学习，培养学生利用 Adobe Indesign 软件制作宣传页、报纸、杂志等作品的能力；本课程主要内容包括 Adobe Indesign 基础知识与基本操作，图形元素和颜色、图片、文字与段落、表格、版面等排版操作 | 能够熟练运用 Indesign 进行相应作品的设计与编排 | 68 |
| 制版工艺 | 制版技术 | 能够熟练拼大版、制版；能够控制印版质量 | 通过本课程的学习，培养学生印前数字图像的扫描及校色处理、印刷胶片的出片及其质量检查、印前制版的工艺整体流程及其质量的检查及控制能力；本课程主要内容包括印刷品的阶调与色彩复制、电子分色与桌面出版系统的加网技术、图像分色与感光胶片的输出、平版印刷用 PS 版的制作、CPT 版材技术、丝网印刷及凹版印刷制版技术等 | 能够进行菲林输出、拼大版、晒版、冲洗及印版质量控制等 | 51 |

续表 2-13

| 课程名称 | 工作任务 | 职业能力 | 课程目标及主要教学内容 | 技能考核项目与要求 | 学时 |
|---|---|---|---|---|---|
| 数字印刷品质量检测 | 印刷质量控制 | 能够检查印刷材料；能够检查印刷过程；能够检查印刷成品 | 通过本课程的学习，培养学生检测印刷品质量、控制印刷品质量及其操作印刷品相应的检测设备的能力；本课程主要内容包括印刷质量测控条的分类和作用、基于密度的印刷质量控制、基于色度的印刷质量控制、印刷过程中的质量控制及印刷质量评价等 | 能够利用印刷品质量检测相关知识，检测与控制印刷品质量 | 64 |
| 印刷色彩管理 | 图文的输入；制版技术；印刷质量控制 | 能够录入文字；能够完成图像扫描；能够控制印刷版质量；能够检查印刷过程 | 通过本课程的学习，培养学生针对图文输入、图像处理、印刷输出的工艺过程中的色彩管理进行操作、管理及应用能力；本课程主要内容包括色彩空间与色彩转换、色彩管理技术的基本工作原理、扫描仪及其特征化、显示设备及其特征化、打印机及其特征化、印刷复制工艺中色彩管理技术的应用等 | 能够针对扫描仪、显示器、印刷设备进行色彩管理操作 | 48 |
| 数字印刷 | 制版技术；印刷设备操作；印刷质量控制 | 能够控制印刷版质量；能够完成印刷设备的基本操作；能够检测与控制印刷质量；能够检查印刷过程 | 通过本课程的学习，培养学生具备数字印刷相关基本知识及操作色彩管理、计算机直接制版与数字印刷设备的能力；本课程主要内容包括在机直接成像数字印刷原理、喷墨成像式数字印刷成像、静电成像式数字印刷原理、其他成像方式的数字印刷、数字印刷材料、直接制版技术、数码打样及色彩管理等 | 能够独立操作数字印刷相关设备及控制色彩管理软件 | 60 |
| 印后加工工艺 | 装订；表面整饰 | 能够针对不同原稿选择合适的装订方法；能够熟悉书刊装订工艺流程；能够针对不同原稿选择合理的表面整饰工艺；能够具有印品表面整饰加工的基本操作能力 | 通过本课程的学习，培养学生具备印后加工工艺流程的基本知识及操作印后加工相关设备的能力；本课程主要内容包括书刊装订、覆膜、上光、模切、压痕及常见故障的分析和排除等 | 能够针对不同原稿选择合适的装订工、表面整饰工艺及相关设备的操作 | 40 |

## 九、教学学时分配与课程体系

（1）教学环节时间分配见表2-14。

表2-14　教学环节时间分配　　　　　　　　（周）

| 学期 | 军训及专业教育 | 课堂教学 | 实训周（考证周等） | 毕业实践 | 机动 | 课程考核 | 总计 |
|---|---|---|---|---|---|---|---|
| 一 | 2 | 16 | 0 | 0 | 1 | 1 | 20 |
| 二 | 0 | 17 | 1 | 0 | 1 | 1 | 20 |
| 三 | 0 | 17 | 1 | 0 | 1 | 1 | 20 |
| 四 | 0 | 16 | 2 | 0 | 1 | 1 | 20 |
| 五 | 0 | 10 | 8 | 0 | 1 | 1 | 20 |
| 六 | 0 | 0 | 0 | 16 | 1 | 1 | 18 |
| 总计 | 2 | 76 | 12 | 16 | 6 | 6 | 118 |

（2）课程体系与核心课程见表2-15。

表2-15　课程体系与核心课程

| 培养模块 | 序号 | 课程名称 | 专业核心学分课 | 计划学时 | | | 考核方式 | 学期分配周课时数 | | | | | | 备注 |
|---|---|---|---|---|---|---|---|---|---|---|---|---|---|---|
| | | | | 共计 | 理论教学 | 实践教学 | | 一 16周 | 二 17周 | 三 17周 | 四 16周 | 五 10周 | 六 0周 | |
| 基本素养模块 | 1 | 思想道德修养与法律基础 | 3 | 48 | 48 | | 考查 | 3 | | | | | | |
| | 2 | 军训与军事理论 | 1 | 36 | 36 | | 考查 | 2W | | | | | | 集中安排 |
| | 3 | 毛泽东思想和中国特色社会主义理论体系概论 | 4 | 68 | 68 | | 考试 | | 4 | | | | | |
| | 4 | 形势与政策 | 1 | 16 | 16 | | 考查 | +1 | +1 | +1 | +1 | | | 集中安排 |
| | 5 | 大学英语 | 8 | 132 | 80 | 52 | 考试 | 4 | 4 | | | | | |
| | 6 | 体育 | 2 | 66 | 4 | 62 | 考查 | 2 | 2 | | | | | |
| | 7 | 计算机文化基础 | 4 | 68 | 34 | 34 | 考试 | 2 | 2 | | | | | |
| | 8 | 高等数学（一） | 3 | 48 | 48 | | 考试 | 3 | | | | | | |
| | 9 | 大学生心理健康教育 | 2 | 34 | 17 | 17 | 考查 | | 2 | | | | | |
| | 10 | 大学生职业发展与就业指导 | 2 | 38 | 19 | 19 | 考查 | +1 | | | +1 | +1 | | 集中安排 |
| | 11 | 公共选修 | 4.5 | 78 | 52 | 26 | 考查 | | 2 | 2 | 2 | | | |

续表 2-15

| 培养模块 | 序号 | 课程名称 | 专业核心课 | 学分 | 共计 | 理论教学 | 实践教学 | 考核方式 | 一 16周 | 二 17周 | 三 17周 | 四 16周 | 五 10周 | 六 0周 | 备注 |
|---|---|---|---|---|---|---|---|---|---|---|---|---|---|---|---|
| 职业基础模块 | 12 | AutoCAD 制图 | | 2.5 | 48 | 24 | 24 | 考查 | 3 | | | | | | |
| | 13 | 印刷概论 | | 3.5 | 64 | 54 | 10 | 考查 | 4 | | | | | | |
| | 14 | 数字印刷材料 | √ | 3.5 | 68 | 44 | 24 | 考试 | | 4 | | | | | |
| | 15 | 印刷图文制作与排版 | √ | 3.5 | 68 | 12 | 56 | 考试 | | 4 | | | | | |
| | 16 | 图文制作与排版实训 | | 1 | 24 | 0 | 24 | 考查 | | 1W | | | | | |
| | 17 | 机械基础 | | 3 | 51 | 37 | 14 | 考查 | | | 3 | | | | |
| | 18 | 数字印前技术 | | 3.5 | 68 | 54 | 14 | 考查 | | | 4 | | | | |
| 职业技能模块 | 19 | 印刷工艺 | √ | 3.5 | 68 | 54 | 14 | 考试 | | | 4 | | | | |
| | 20 | 色彩学 | √ | 3 | 51 | 39 | 12 | 考试 | | | 3 | | | | |
| | 21 | 文字信息处理与排版 | | 3.5 | 68 | 10 | 58 | 考查 | | | 4 | | | | |
| | 22 | 制版工艺 | √ | 3 | 51 | 39 | 12 | 考试 | | | 3 | | | | |
| | 23 | 金工实训 | | 1 | 24 | 0 | 24 | 考查 | | | 1W | | | | |
| | 24 | 数字印刷品质量检测 | | 3.5 | 64 | 48 | 16 | 考试 | | | | 4 | | | |
| | 25 | 印前图像处理 | | 3.5 | 64 | 10 | 54 | 考试 | | | | 4 | | | |
| | 26 | 印刷机械 | | 3.5 | 64 | 50 | 14 | 考查 | | | | 4 | | | |
| | 27 | 印刷色彩管理 | | 2.5 | 48 | 24 | 24 | 考查 | | | | 3 | | | |
| | 28 | 数字印刷实训 | | 2 | 48 | 0 | 48 | 考查 | | | | 2W | | | |
| | 29 | 特种印刷 | | 3 | 60 | 50 | 10 | 考试 | | | | | 6 | | |
| | 30 | 数字印刷 | √ | 3 | 60 | 50 | 10 | 考试 | | | | | 6 | | |
| | 31 | 印后加工工艺 | | 2 | 40 | 20 | 20 | 考试 | | | | | 4 | | |
| | 32 | 印刷企业管理 | | 2 | 40 | 40 | 0 | 考查 | | | | | 4 | | |
| | 33 | 印刷综合实训 | | 8 | 192 | 0 | 192 | 考查 | | | | | 8W | | 集中安排 |
| 职业考证模块 | 34 | ISO 9000 印刷包装行业质量管理体系内审员 | | 1.5 | 32 | 32 | 0 | 考查 | | | | 4 | | | 1~8W |
| | | 职业拓展模块 | | 8.5 | 140 | 70 | 70 | 考查 | | 2 | 2 | 2 | 4 | | |
| 毕业实习模块 | 35 | 毕业实习 | | 12 | 288 | 0 | 288 | | | | | | 12W | | |
| | 36 | 毕业综合实践报告 | | 4 | 96 | 0 | 96 | | | | | | 4W | | |
| 总 计 | | | | 128 | 2521 | 1183 | 1338 | | 21 | 26 | 25 | 23 | 24 | 24 | |

注：1. 周课时前冠"+"号的为课外课时，计入总学时，但不计入周学时。其中，形势与政策按一学期 4 节课安排；大学生职业发展与就业指导第一学期按 8 节课安排，第四学期按 16 节课安排，第五学期按 14 节课安排。

2. 计算机文化基础：工商管理系、工程技术系实际上课时间安排在第一学期后 9 周、第二学期前 8 周；人文旅游系和财务贸易系安排在第二学期后 9 周、第三学期前 8 周。

（3）职业拓展模块课程设置见表 2-16。

**表 2-16 职业拓展模块课程设置**

| 拓展模块 | 课程名称 | 学分 | 计划学时 | | | 考核方式 | 学期分配周课时数 | | | | 备注 |
|---|---|---|---|---|---|---|---|---|---|---|---|
| | | | 共计 | 理论教学 | 实践教学 | | 二 17周 | 三 17周 | 四 16周 | 五 10周 | |
| 模块一 | 效果图 | 2 | 34 | 19 | 19 | 考查 | 2 | | | | 三选一 |
| | 防伪印刷 | 2 | 34 | 19 | 19 | 考查 | 2 | | | | |
| | 文字录入 | 2 | 34 | 19 | 19 | 考查 | 2 | | | | |
| 模块二 | 数字成像原理 | 2 | 34 | 19 | 19 | 考查 | | 2 | | | 三选一 |
| | 车间管理 | 2 | 34 | 19 | 19 | 考查 | | 2 | | | |
| | 书籍装帧 | 2 | 34 | 19 | 19 | 考查 | | 2 | | | |
| 模块三 | 瓦楞纸箱印刷与成型 | 2 | 32 | 16 | 16 | 考查 | | | 2 | | 三选一 |
| | 数码摄影技术 | 2 | 32 | 16 | 16 | 考查 | | | 2 | | |
| | 包装结构设计 | 2 | 32 | 16 | 16 | 考查 | | | 2 | | |
| 模块四 | 素描 | 2.5 | 40 | 20 | 20 | 考查 | | | | 4 | 三选一 |
| | Illustrator 绘图 | 2.5 | 40 | 20 | 20 | 考查 | | | | 4 | |
| | 印刷专业英语 | 2.5 | 40 | 20 | 20 | 考查 | | | | 4 | |

（4）独立实践教学环节安排见表 2-17。

**表 2-17 独立实践教学环节安排**

| 序号 | 实践教学项目 | 学期 | 周数 | 主要教学形式 | 内容和要求 | 地点 | 考核方式 | 学时数 |
|---|---|---|---|---|---|---|---|---|
| 1 | 图文制作与排版实训 | 2 | 1 | 实训 | 图文制作与排版 | 实训室 | 考查 | 24 |
| 2 | 金工实训 | 3 | 1 | 实训 | 钳工、车工、焊工等综合训练 | 实训室 | 考查 | 24 |
| 3 | 数字印刷实训 | 4 | 2 | 实训 | 数字印刷设备操作 | 实训室 | 考查 | 48 |
| 4 | 印刷综合实训 | 5 | 8 | 实训 | 印前设计、印刷设备操作、印刷工艺制定、印后加工及印刷品检测等 | 实训室 | 考查 | 192 |
| 5 | 毕业实习 | 6 | 12 | 实习 | 完成毕业实习规定的各项内容 | 校外 | 按毕业实习实施细则的规定考核 | 288 |

| 序号 | 实践教学项目 | 学期 | 周数 | 主要教学形式 | 内容和要求 | 地点 | 考核方式 | 学时数 |
|---|---|---|---|---|---|---|---|---|
| 6 | 毕业综合实践报告 | 6 | 4 | 指导 | 完成毕业综合实践报告的写作和答辩 | 校外 | 按毕业综合实践报告、毕业设计（论文）管理规定（试行）考核 | 96 |

（5）教学学时比例见表 2-18。

**表 2-18　教学学时比例**

| 分配 | 基本素养模块 | 职业基础模块 | 职业技能模块 | 职业考证模块 | 职业拓展模块 | 毕业实践模块 | 总课时 |
|---|---|---|---|---|---|---|---|
| 数量 | 632 | 391 | 942 | 32 | 140 | 384 | 2521 |
| 比例/% | 25 | 16 | 37 | 1 | 6 | 15 | 100 |

## 十、指导性教学安排

（1）人才培养方案设计的前提是充分调研。一方面需要调研本地区的产业发展和人才需求结构等；另一方面需要调研本省的产业现状和发展需求。

（2）人才培养方案修订过程中，一方面要考虑毕业后的就业需求和岗位需求，培养技术技能型人才；另一方面在课程设置上要适当考虑专业同学今后的可持续发展。

（3）课程体系设计的过程中，确保理论够用的基础，适当强化专业课和综合实践课程，确保专业学生经过三年的学习，掌握必备的技术技能，能够适应主要岗位的技术要求。

## 十一、专业办学基本条件

### （一）专业教学团队

本专业教师应具备本专业本科或研究生以上学历，具有独立完成印刷技术专业相关理论课程和实践课程讲授和操作的能力，专业教师应具有一定的视野，能够熟知和把握行业现状及发展趋势，及时更新教学内容。

## （二）教学实践条件

印刷技术专业设在工程技术系，目前该系还开设了包装技术与设计、计算机信息管理、计算机技术及应用、电气自动化、应用电子等工科专业，为印刷技术专业建设和发展奠定了良好的师资基础和硬件基础。学院已经建成计算机网络中心、50 个多媒体教室，10000 余册印前图像处理、平面设计、数字印刷、印刷材料、印刷工艺、企业管理等印刷技术相关图书资料。同时已筹建 6 个印刷技术专业实验实训室，以满足印刷技术专业实验实训课程的开设条件，为培养高端技能型专门人才奠定了一定的基础。

校外实习实训基地是对校内实训室的有效补充，校外实训基地不仅可以为学生提供实习场所，而且又是学生与社会连接的窗口。

## （三）学习资源

（1）本专业的学生可以通过精品课程网站下载教学大纲、课件、习题等教学资料进行学习，可以通过必胜网、科印网等专业网站了解最近的印刷技术及行业动态。

（2）本专业学生可以通过到企业参观、实习、顶岗实习，加深对专业理论知识的理解及提高职业技能的水平，实现学校与企业的零对接。

## 十二、教学建议

### （一）人才培养定位

印刷技术专业根据浙江地区印刷行业发展状况以及高等职业教育的培养目标和特点，以培养生产、建设、服务、管理第一线的高端型技能型印刷技术人才为主要任务，进行人才培养。

### （二）教学方法

印刷技术专业课程主要通过板书授课、多媒体教授、实验操作、实训操作、企业参观、顶岗实习等多种教学手段相结合，实现"教－学－做"一体化。

（三）教材

印刷技术专业课程教材主要选取高职高专专用教材，为了加强实践技能课程的讲授，本专业教师应积极编制相应的校企合作开发教程，提高教学效果。

（四）考核要求

印刷技术专业课程的考核方式应该多样化，基础理论课程应以考试方式为主，实践课程应以实践操作为主，顶岗实习课程应以企业评价为主，多种考核方式并存。

### 十三、继续专业学习深造建议

本专业学生毕业后，可以到相应的岗位进行工作，如想继续深造，可以进行专升本、考研及企业相应岗位深造等。

### 十四、人才培养模式及特色说明

本专业采用"校企合作、工学结合"的人才培养模式，通过与印刷包装行业协会及相关企业合作，搭建"校会企"平台，培养高端技能型印刷技术人才。

## 第三节　高职印刷包装专业部分课程标准

### 一、包装概论课程标准

课程代号：×××

学　时　数：64　　　　理论教学时数：50　　　　实践教学时数：14

适用对象：包装策划与设计专业

开课单位：包装策划与设计教研室

编　写　人：×××　　　　　　　　　　日期：20××年12月

（一）课程概述

1. 课程性质

本课程是包装技术与设计专业的专业基础课，该课程的主要内容包括系统地介绍了包装的概念与基本功能、包装材料与包装容器的选用、包装技术、包装性能试验、包装机械设备、包装印刷、包装设计、运输包装等。通过这门课程的学习，应使学生初步了解包装的常规知识，行业的最新发展动态，掌握包装专业学习的方法等，同时为后续课程奠定理论基础。后续课程主要有包装材料、包装工艺、包装机械、包装设计等。

2. 课程基本理念

本课程教学的指导思想是，着眼于学生对包装专业感性知识的培养和自主学习能力以及创新能力的养成，并充分利用现有教学资源，实现教、学、做的有机统一，达到本课程培养学生对本专业的感性认识和兴趣，以及为后续其他包装专业课程奠定基础的教学目标。

3. 课程设计思路

本课程是依据包装人才培养方案中的人才培养目标设置的。其总体设计思路是强调基础理论的应用性，将模块化的技能操作训练贯穿整个教学中；实践部分设计以就业为导向，以技能为核心，引入学生创新能力培养，让学生在具体实验操作中，对本专业所学内容具有感性的认识，并构建相关理论知识，发展职业能力。

本课程理论教学学时为 50 学时，实践教学学时为 14 学时；注重学生实践能力培养，重点培养学生动手能力及创新思维。本课程围绕包装的概念与基本功能、包装材料与包装容器的选用、包装技术、包装性能试验、包装机械设备、包装印刷、包装设计、运输包装等方面的内容展开，知识点由易到难，以便学生容易掌握；并通过一系列的实验操作，使学生能够了解本专业涉及的实验设备，实现教学做一体；以案例为导向，设计开放灵活的教学方法。评价采用分阶段分重点评价的模式，重点评价学生的职业能力，兼顾重要的理论知识点。考核以闭卷形式，考试成绩占总成绩的 70%，平时成绩占 30%，其中平时成绩考核主要考核学生上课的表现、完成实验操作的能力，以及撰写实验报告的能力。

**（二）课程目标**

**总体目标**：学生通过对本课程的学习，明确专业学习目的，了解包装工程专业涉及的行业门类以及当前包装工程的现状。了解各个专业课程的基本原理和学习方法，了解包装在国民经济中的作用、包装工程学科的特点、知识体系、包装历史及产品包装的概念与一般方法等，为以后的学习打好坚实的基础。

**具体目标**：

（1）知识目标。要求学生掌握包装工程的现状及作用，包装行业发展趋势和动态；了解常见包装材料，了解常用包装技术，了解包装测试的主要内容，了解运输包装，了解常见印刷工艺及印后加工的主要内容等。

（2）能力目标。会利用网络查找包装的相关资讯，会比较各种材料的优缺点，会进行简单的包装结构设计，能操作纸盒打样机，能够简单操作中封制袋机，会根据产品特点选择合适保鲜包装技术，会根据运输要求对产品作简单的包装等。

（3）素质目标。培养学生分析和解决实际问题的能力，认真、仔细的工作态度，团队合作精神，为学好后续课程提供理论支持。

**（三）课程内容与要求及学时分配**

课程内容与要求及学时分配见表2-19。

**表 2-19　课程内容与要求及学时分配**

| 序号 | 模块 | 知识内容及要求 | 技能内容及要求 | 课时 |
|---|---|---|---|---|
| 1 | 包装与生活 | （1）了解包装的概念；<br>（2）掌握包装的基本功能；<br>（3）了解包装的重要性 | 会利用网络查找包装的相关资讯 | 2 |
| 2 | 包装材料 | （1）了解包装材料的概念，木质材料，纸和纸板材料；<br>（2）掌握纸和纸板材料的类型和应用；<br>（3）了解包装材料：塑料、金属材料、玻璃、陶瓷材料 | （1）会列举常用的包装材料；<br>（2）会比较各种材料的优缺点；<br>（3）能分析塑料材料的组成及应用 | 6 |

| 序号 | 模块 | 知识内容及要求 | 技能内容及要求 | 课时 |
|---|---|---|---|---|
| 3 | 包装设计 | （1）了解包装设计理念及方法；<br>（2）了解包装结构设计；<br>（2）了解包装外观设计；<br>（4）掌握纸盒打样机的操作 | （1）会简单的包装结构设计；<br>（2）能操作纸盒打样机；<br>（3）能够掌握产品包装设计的一般程序 | 12 |
| 4 | 包装印刷 | （1）了解包装印刷基本理论；<br>（2）了解印前图文处理；<br>（3）了解包装印刷色彩原理；<br>（4）了解印版制作工艺；<br>（5）了解印后加工处理工艺 | （1）会进行简单的油墨调色；<br>（2）能晒制简单的PS版；<br>（3）能够掌握常用的印后加工技术及应用 | 14 |
| 5 | 印刷包装机械 | （1）了解包装机械的发展及现状；<br>（2）了解糊盒机的基本构成；<br>（3）掌握中封制袋机的组成；<br>（4）了解印刷机械的发展及现状；<br>（5）了解胶印机的基本组成；<br>（6）掌握胶印机的简单操作 | （1）能够掌握折叠糊盒机的基本构成；<br>（2）能够简单操作中封制袋机；<br>（3）会简单操作胶印机 | 12 |
| 6 | 包装技术 | （1）了解食品保鲜包装技术；<br>（2）了解产品运输包装技术；<br>（3）了解防伪包装技术 | （1）能根据产品特点选择合适保鲜包装技术；<br>（2）能根据运输要求对产品进行简单的包装；<br>（3）能根据产品特点选择合适的防伪包装技术 | 8 |
| 7 | 包装测试及包装法规 | （1）了解流通条件对试验的影响；<br>（2）了解包装件性能试验方法；<br>（3）掌握包装测试的重要性；<br>（4）了解包装相应的法规 | （1）会列举常见的包装件性能测试；<br>（2）会利用网络资源收集相应的包装法律与法规 | 10 |

## （四）实施建议

### 1. 教学建议

该课程需要配套的实验器材，包括平版胶印机、凹版印刷机、丝网印刷机。对于四种基本的印刷方式分别配有相应的实验课程，将理论与实践结合，可使学生能更透彻理解理论知识，并具备一定的操作能力。实验报告撰写及实验操作能力是平时成绩的一部分。

2. 教材编写与选用建议

建议选用教材：《包装概论》，张新昌主编，印刷工业出版社，2011 年第 2 版。

教学参考书：

《包装机械概论》，孙凤兰等主编，印刷工业出版社，1998 年 6 月第 1 版。

《现代包装技术》，金国斌主编，上海大学出版社，2001 年 4 月第 1 版。

《食品包装大全》，章建浩主编，中国轻工业出版社，2000 年 3 月第 1 版。

《绿色包装》，戴宏民主编，化学工业出版社，2002 年 8 月第 1 版。

## 二、包装材料课程标准

课程代号：×××

学 时 数：72　　　　理论教学时数：52　　　　实践教学时数：20

适用对象：包装策划与设计专业

开课单位：包装策划与设计教研室

编 写 人：×××　　　　　　　　　　日期：20××年 12 月

（一）课程概述

1. 课程性质

本课程是包装技术与设计专业的专业基础核心课程之一，主要讲解各类包装印刷材料（纸、塑料、油墨、印版等）的性能、特点、质量标准及检测等，使学生对目前包装印刷行业的主要原辅材料性能、生产、选用、检测等有所掌握。同时为后续课程奠定理论基础。后续课程主要有印刷原理及工艺、印刷品质量检测等。通过课程学习，初步了解本课程的研究领域、在印刷工程专业学习中的地位、与其他相关课程的承上启下的关系以及本课程的学习内容和基本方法。

2. 课程基本理念

本课程力求反映近期包装材料的最新成就，同时对一些传统包装材料进行介绍，兼顾内容的新颖性和实用性。同时处理好基础理论与实际应用的关系及系统性和先进性的关系，提高学生的动手能力。

本课程教学的指导思想是，着眼于学生材料检测职业岗位能力——材料选用及检测能力的培养和自主学习能力以及创新能力的养成，并充分利用现有教学资源，实现教、学、做的有机统一，达到本课程培养材料检测人员以及为后续包装测试课程奠定基础的教学目标。

3. 课程设计思路

本课程是依据包装人才培养方案中的人才培养目标——包装材料检测工作领域设置的。其总体设计思路是强调基础理论的应用性，将模块化的技能操作训练贯穿整个教学中；实践部分设计以就业为导向，以技能为核心，引入学生创新能力培养，让学生在具体实验操作中掌握材料的性能，熟悉检测设备的操作，会统计和分析实验数据，完成相应实验任务，并构建相关理论知识，发展职业能力。

本课程理论教学学时为 52 学时，实践教学学时为 20 学时；注重学生实践能力培养，重点培养学生动手能力及创新思维。本课程围绕包装材料——纸张材料、塑料材料、金属及其他材料、油墨及制版材料等内容展开，从常见材料到特种材料，知识点由易到难，以便学生容易掌握。并通过一系列纸张性能检测设备、油墨检测设备等的实验操作，使学生能够熟练掌握材料检测设备的应用，实现教、学、做一体；以案例为导向，设计开放灵活的教学方法。评价采用分阶段分重点评价的模式，重点评价学生的职业能力，兼顾重要的理论知识点。考核以闭卷形式，考试成绩占总成绩的 70%，平时成绩占 30%，其中平时成绩考核主要考核学生上课表现、完成实验操作的能力，以及撰写实验报告的能力。

（二）课程目标

总体目标：通过本课程的学习与实践的操作，着重培养学生认识、应用、检测和选用包装印刷材料的基本能力，同时提高学生的实践操作能力。

具体目标：

（1）知识目标。要求学生掌握印刷材料相关的行业发展趋势和动态，了解纸张的组成及纸张的制造工艺，掌握纸张成本计算，了解塑料材料的组成，掌握塑料材料性能及其成型加工，了解油墨的组成与分类，掌握油墨的干燥性能及光学性能，了解印版版材的类型及制版工艺，掌握检测和选用包装材料等。

（2）能力目标。会利用网络收集相应的包装材料资讯，能对纸张常见的性能参数进行测量与分析，会计算纸张用量及成本，会辨别常用塑料材料，会合理选用缓冲包装材料，会PS版的晒制，能根据印刷要求合理选用油墨等。

（3）素质目标。培养学生分析和解决实际问题的能力，认真、仔细的工作态度，团队合作精神，为学好后续课程提供理论支持。

（三）课程内容与要求

课程内容与要求见表2-20。

表2-20　课程内容与要求

| 序号 | 模块 | 知识内容及要求 | 技能内容及要求 | 课时 |
|---|---|---|---|---|
| 1 | 印刷包装材料的类型及发展 | （1）掌握常用的印刷包装材料类型；<br>（2）了解包装材料行业的发展 | 会利用网络收集相应的包装材料资讯 | 2 |
| 2 | 纸张包装材料 | （1）掌握纸张的组成及纸张的制造工艺；<br>（2）了解纸张的基本性质；<br>（3）掌握纸张机械强度及表面性质；<br>（4）掌握纸张的吸收性质；<br>（5）了解纸张的光学性质及酸碱性；<br>（6）纸张的吸湿性；<br>（7）常见的印刷纸张的质量标准 | （1）会分析造纸工艺对纸张强度的影响；<br>（2）会根据纸张用途，选用造纸原料；<br>（3）能辨别纸张的优劣；<br>（4）会根据实际用途，选用纸张类型 | 14 |
| 3 | 瓦楞纸板特点及纸张成本计算 | （1）掌握瓦楞纸板的结构及类型；<br>（2）了解瓦楞纸箱成型特点；<br>（3）掌握纸张成本计算 | （1）会分析瓦楞纸板的种类；<br>（2）会根据瓦楞纸箱承重要求，合理配比瓦楞纸板；<br>（3）会进行简单的纸张成本计算 | 6 |

| 序号 | 模块 | 知识内容及要求 | 技能内容及要求 | 课时 |
|------|------|----------------|----------------|------|
| 4 | 纸张包装材料性能检测 | （1）纸张定量、紧度及松厚度的检测；<br>（2）纸张横纵向检测及纸张含水率检测；<br>（3）纸张耐折检测；<br>（4）纸张挺度检测；<br>（5）纸张抗张强度检测；<br>（6）纸张戳穿强度；<br>（7）纸张平滑度检测；<br>（8）纸与纸板吸收性检测；<br>（9）印刷适应仪的使用 | （1）会评价纸和纸板质量的优劣；<br>（2）会合理设计试验内容；<br>（3）会计算和科学分析所得的试验数据；<br>（4）会操作常用的检测设备 | 18 |
| 5 | 塑料包装材料 | （1）掌握塑料的命名、分类及制造；<br>（2）掌握塑料材料性能及其成型加工 | （1）会辨别常用塑料材料；<br>（2）会合理选用塑料包装材料 | 6 |
| 6 | 其他包装材料 | （1）了解缓冲包装材料与玻璃材料的性能及其成型加工；<br>（2）了解金属材料的特点及应用；<br>（3）了解玻璃、陶瓷材料的特点及应用 | （1）会辨别常用缓冲包装材料；<br>（2）会合理选用缓冲包装材料 | 6 |
| 7 | 油墨 | （1）了解油墨的组成与分类；<br>（2）了解油墨的结构与制造工艺；<br>（3）掌握油墨的干燥性能及光学性能；<br>（4）掌握常用印刷油墨的类型 | （1）会根据要求进行调墨；<br>（2）能根据印刷要求合理选用油墨 | 12 |
| 8 | 印版制作 | （1）掌握平版版材制作；<br>（2）了解凸版的制作；<br>（3）了解凹版的制作；<br>（4）掌握丝网版制作 | （1）会PS版的晒制；<br>（2）能制作普通丝网版 | 8 |

（四）实施建议

1. 教学建议

本课程的实践教学是通过材料检测，加强学生对课堂学习的知识的理解与掌握，总课时为 20 课时。要求学生通过实验，对包装材料的性能特点有初步的认识和掌握，并具备一定的实验操作能力。

2. 评价建议

本课程期末采用闭卷的形式进行考核，考核成绩主要包括两部分，一部分是平时成绩，占 30%，另一部分是期末卷面成绩，占 70%；其中平时成绩考核主要考核学生的上课的表现、完成实验操作的能力，以及撰写实验报告的能力。

3. 教材编写与选用建议

建议选用教材教材：《包装材料》，王建清主编，中国轻工业出版社。
教学参考书：
《印刷材料》，阎素斋主编，印刷工业出版社。
《印刷材料及适性》，向阳主编，印刷工业出版社。
《平版制版工艺》，宋协祝主编，印刷工业出版社。

4. 实验实训设备配置建议

为满足实践教学要求，希望实验室尽快配备相应薄膜、油墨检测设备，如厚度测试仪、薄膜拉伸仪、热封仪等设备。

5. 课程资源开发与利用建议

本课程已有完整的配套课件，实验室拥有多台材料检测设备、晒版设备，其资源能够较好地满足教学需要，但有待进一步增加相应的配套设备。

## 三、包装结构设计课程标准

课程代号：×××
学 时 数：72　　　　理论教学时数：36　　　　实践教学时数：36

适用对象：包装策划与设计专业

开课单位：包装策划与设计教研室

编 写 人 :×××　　　　　　　　　　　日 期：20××年 12 月

---

(一) 课程概述

1. 课程性质

包装结构设计是包装技术与设计专业一门实践性较强的专业核心课程，其前导课程有 AutoCAD 制图、包装概论等课程，后续课程有包装设计实训、包装容器结构设计实训。课程任务是使学生具备系统的常规包装容器结构设计知识，主要是纸制品包装盒的设计与制作；具备一定的空间想象力，使之能从包装容器的选型入手进行结构设计；培养综合分析能力和科学学风，为后期包装相关综合实训及毕业后从事包装结构设计打好基础。

2. 课程基本理念

本课程教学的指导思想是，着眼于学生包装结构设计岗位能力——产品包装盒设计与制作能力的培养和自主学习能力、创新能力以及综合职业素质的养成，并充分利用现有教学资源，通过产品尺寸测量、手工制作盒型、上机绘制 CAD 盒型，实现教、学、做的有机统一，达到本课程包装结构设计人才培养的教学目标。

3. 课程设计思路

本课程依据包装人才培养方案中的人才培养目标——包装结构设计工作领域设置。其总体设计思路是以典型产品包装盒设计、制作的工作任务为中心，多模块应用为切入点，引入学生创新能力培养，让学生在具体应用产品包装盒的设计制作过程中开发创新思维，完成相应工作任务，并构建相关理论知识，发展职业能力。

本课程实践教学学时为 36 学时，理论学时与实践学时比例为 1∶1；注重学生实践能力培养，重点培养学生动手制作能力及创新思维，并以学生为主体，倡导学习方式多样化；教学过程中以案例为导向，设计开放灵活的教学方法。

课程围绕多个工作任务对应的典型包装盒及包装箱的设计与制作，在工作任务实施过程中，注重促进学生的自主创新意识，在工作任务确定的知识领域中引导学生进行自主性的产品包装盒设计、制作。在引导学生自主创意设计的过程中，把握学生设计思路的难易程度、理论范围，充分体现学生的创新思想，丰富学生制作的多样性，提升学生设计制作的兴趣和积极性。同时，在多个工作任务的实施过程中，通过创新思考、理论分析与设计、包装盒制作实现学做练一体的教学模式，加强学生的创新能力、制作技能、团队配合和个体表达能力培养。考核将过程考核与期末考核相结合，都采用提交作品的形式，过程考核占总成绩的50%，期末考核占50%，其中过程考核主要考核学生上课的表现、出勤率、过程考核作品，期末考核即期末完成的作品。

（二）课程目标

总体目标：通过本门课程的学习与工作任务的实施，使学生掌握CAD绘图软件的基本操作，并能熟练应用软件绘制包装容器的平面图形以及熟练掌握纸盒打样机的操作，着重培养学生包装结构设计、改进、创新方面的技能及学生实践操作能力。

1. 知识目标

（1）掌握纸包装结构设计基础。
（2）了解包装结构设计理念及方法。
（3）掌握各种折叠纸盒结构设计。
（4）掌握黏贴纸盒结构设计。
（5）了解瓦楞纸板类型。
（6）掌握瓦楞纸箱结构设计。
（7）掌握模切版的设计与制作。

2. 能力目标

（1）具有独立分析、设计盒型的能力。
（2）会熟练使用AutoCAD软件绘制包装盒。
（3）具有正确计算纸盒设计尺寸的能力。

（4）具有正确运用绘图线型手工绘图的技能。

（5）具有操作盒型打样机的技能。

（6）能够设计纸盒模切版。

**3. 素质目标**

（1）具有成本意识、环保意识，安全生产和认真、仔细的工作态度。

（2）能够举一反三、触类旁通。

（3）具有一定的表达能力、沟通能力、团队协作能力和创新意识。

**（三）课程内容与要求**

课程内容与要求见表2-21。

表 2-21　课程内容与要求

| 序号 | 任务 | 知识内容及要求 | 技能内容及要求 | 课时 |
|---|---|---|---|---|
| 1 | 纸包装结构设计基础及设计软件介绍 | （1）掌握包装结构设计绘图符号；<br>（2）掌握纸包装各部分的结构名称；<br>（3）了解纸包装点、线、面、体、角成型理论；<br>（4）掌握折叠纸盒尺寸的计算 | （1）能辨别纸板纹向及楞向；<br>（2）能识别常用设计绘图符号；<br>（3）熟悉 CAD 软件设计界面；<br>（4）会计算纸盒内尺寸、制造尺寸、外尺寸 | 8 |
| 2 | 管式折叠纸盒结构设计 | （1）了解管式折叠纸盒的特点及常见的类型；<br>（2）掌握牙膏管式折叠纸盒设计与制作；<br>（3）掌握药品管式折叠纸盒设计与制作；<br>（4）掌握可悬挂式管式折叠纸盒设计与制作 | （1）会设计管式盒的结构；<br>（2）能熟练应用 CAD 绘制纸盒；<br>（3）能熟练操作纸盒打样机 | 12 |
| 3 | 糖果包装盒的设计与制作 | （1）了解糖果包装设计要求及特点；<br>（2）掌握连续摇翼窝进式盒设计与制作；<br>（3）掌握扭结式包装盒设计与制作 | （1）会设计连续摇翼窝进式盒的结构；<br>（2）能熟练应用 CAD 绘制纸盒；<br>（3）能熟练操作纸盒打样机 | 8 |

续表 2-21

| 序号 | 任务 | 知识内容及要求 | 技能内容及要求 | 课时 |
|---|---|---|---|---|
| 4 | 锁合结构折叠纸盒设计与制作 | （1）了解常见锁合结构纸盒的要求及特点；<br>（2）掌握吹风机包装盒的设计与制作；<br>（3）掌握普通诺基亚手机包装盒的设计与制作 | （1）会设计锁合结构折叠纸盒；<br>（2）能熟练应用 CAD 绘制纸盒；<br>（3）能熟练操作纸盒打样机 | 8 |
| 5 | 盘式折叠纸盒设计与制作 | （1）了解盘式盒的设计要求及特点；<br>（2）掌握盘式月饼包装纸盒的设计与制作；<br>（3）掌握盘式插别盖纸盒设计与制作；<br>（4）掌握盘式五星型折叠纸盒设计与制作 | （1）会设计盘式折叠纸盒；<br>（2）能熟练应用 CAD 绘制纸盒；<br>（3）能熟练操作纸盒打样机 | 12 |
| 6 | 手提式纸盒设计与制作 | （1）了解提手盒的类型及设计要求；<br>（2）掌握手提式蛋糕盒设计与制作；<br>（3）掌握手提式鸡蛋外包装盒设计与制作 | （1）会设计手提式折叠纸盒；<br>（2）能熟练应用 CAD 绘制纸盒；<br>（3）能熟练操作纸盒打样机 | 10 |
| 7 | 瓦楞纸箱设计与制作 | （1）了解瓦楞纸箱的类型及纸板的特点；<br>（2）掌握瓦楞纸箱的尺寸计算；<br>（3）掌握 0201 型瓦楞纸箱的设计与制作；<br>（4）掌握瓦楞纸箱内隔板的设计与制作 | （1）会设计 0201 型瓦楞纸箱；<br>（2）能熟练应用 CAD 绘制纸盒；<br>（3）能熟练操作纸盒打样机 | 10 |
| 8 | 纸盒模切版设计 | （1）了解模切版制作的要求；<br>（2）掌握模切版的设计；<br>（3）了解模切版的制作工艺 | （1）会设计纸盒模切版；<br>（2）能熟练应用 CAD 对纸盒进行排版 | 4 |

（四）实施建议

1. 教学建议

该课程需要配套的实验器材包括彩色打印机、纸盒打样设备。教学实施过程中要配有相应的手工制作课，将理论与实践结合，使学生能更透彻理解理论知识，并具备一定的动手操作能力。

2. 评价建议

本考核将过程考核与期末考核相结合，都以提交作品的形式进行考核，过程考核占总成绩的 50%，期末考核占 50%，其中过程考核主要考核学生上课的表现、出勤率、过程考核作品，期末考核即期末完成的作品。

3. 教材编写与选用建议

建议选用教材：《包装结构与模切版设计》，孙城，中国轻工业出版社，2009 年。

教学参考书：

《销售包装结构设计》，金银河，化学工业出版社。

《产品包装设计与制作》，胡娉，清华大学出版社。

《包装设计实用技术手册》，曾宗易，印刷工业出版社。

4. 实验实训设备配置建议

建议实验室尽快配备 1 台彩色打印机，升级现有的纸盒打样设备，以便较好满足本课程的实践教学要求。

5. 课程资源开发与利用建议

本课程已有完整的配套课件，实验室资源能够较好地满足教学需要，但有待进一步增加相应的配套设备，另外可以通过安排学生参加包装结构设计类竞赛，提高学生的积极性和动手能力及创新能力。

## 四、平面设计 I ——Photoshop 课程标准

课程代号：×××

学 时 数：54　　　　理论教学时数：10　　　　实践教学时数：44

适用对象：包装策划与设计专业

开课单位：包装策划与设计教研室

编写人：×××　　　　　　　　　　　日期：20××年12月

---

（一）课程概述

1. 课程性质

平面设计Ⅰ——Photoshop是包装技术与设计专业（包装技术与管理）核心课，属于专业核心课，开设于大二第二学期。本课程具有集实践性与技能性为一体的特点。在课程设计中，建立图像处理专业领域的大平台，从视觉、产品、环境等专业大视野考虑课程的基础性和广泛性。与课程联系较为紧密的平行课程为：平面设计Ⅱ——Coreldraw；后续课程有图文设计、包装设计等。它与这些平行课程一起构建学生的专业基础学习领域，并为后续课程的学习打下坚实的基础，为掌握设计、企业、生产需要的图像处理做好铺垫。

2. 课程基本理念

针对市场需求，以学生为本，选取循序渐进的典型工作项目"学习包"为载体构建学习情境，营造"易学乐学"的学习氛围，培养学生的专业能力、方法能力和社会能力。同时让学生意识到平日里多观察生活的重要性，在潜移默化中培养学生将来作为一名设计师所应具备的基本素质，着重培养学生设计方案和软件的快速操作能力。以学生为中心、工作过程为导向，采用小组化教学，融"教、学、做"为一体，培养学生的职业工作能力、团队协作能力和创新能力，保持课程的开放性，培养学生的可持续发展能力。

3. 课程设计思路

该课程是学院包装技术与设计专业的核心课程，围绕高职高专技能型人才培养的教育目标，突出高职高专院校的办学特色，紧跟当前设计领域最新设计理念和技术，突破教材的局限性，加强理论与实践的紧密结合，鼓励学生积极开拓思维，大胆创新，学以致用，重点培养和提高学生在计算机作品的设计、制作等方面的技能培养，强化所学专业知识的综合运用能力。平面设计Ⅰ——Photoshop是一门操作性非常强的实用性课程，主要讲解基于位图的平面图像处理软件 Photoshop，总课时为 54 学时，其中理论 10 学时，实践 44 学时。

（二）课程目标

1. 总体目标

学习本课程的目的是让学生理解图像色彩原理，以掌握利用 Photoshop 进行图像处理的技巧，掌握各种工具和滤镜的使用，因此不能仅仅作为一门纯理论的课程来学习，而应当突出技能和应用。

2. 具体目标

（1）知识目标。本课程全面细致讲解 Photoshop 的各项功能，通过该课程的学习，应达到如下知识目标：

1）掌握该软件的安装、启动与退出，掌握它的基本界面和工作流程。

2）掌握选区的创建。

3）掌握蒙版和图层的应用。

4）能利用学习的知识进行图像处理，完成一定数量的上机实践任务。

5）掌握图像的色彩调节。

6）掌握常用的滤镜效果并在创作中的应用等。

（2）能力目标。

1）具备工具运用的能力。

2）会正确提出问题、分析问题，掌握解决问题的基本方法。

3）具备一定的设计创新作品的能力。

4）具有熟练的动手能力。

（3）素质目标。

1）培养良好的职业道德素养。

2）培养学生严谨的工作态度和一丝不苟的工作作风。

3）激发学生学好本专业的信心。

4）培养学生严谨、乐观、积极向上的作风。

5）培养独立分析与解决具体问题的综合素质能力。

## （三）课程内容与要求

课程内容与要求见表 2-22。

**表 2-22　课程内容与要求**

| 序号 | 项目 | 知识内容及要求 | 技能内容及要求 | 课时 |
|---|---|---|---|---|
| 1 | 项目1：熟悉 Photoshop 基本操作 | （1）熟悉常用的基本工具；<br>（2）熟练掌握各种选择工具以及自由变换工具的使用方法；<br>（3）掌握羽化的使用技巧；<br>（4）掌握各种修复、修补工具的使用方法；<br>（5）掌握文字工具和钢笔工具的使用方法；<br>（6）掌握模糊工具、锐化工具、减淡工具、加深工具的使用方法 | （1）会使用常用的基本工具；<br>（2）能够利用各种选择工具以及自由变换工具创建选区并编辑选区；<br>（3）掌握羽化工具的使用技巧；<br>（4）能利用各种修复、修补工具进行图像处理；<br>（5）会文字工具和钢笔工具的使用方法；<br>（6）能够利用模糊工具、锐化工具、减淡工具、加深工具等编辑图像 | 14 |
| 2 | 项目2：色彩调整 | （1）熟悉各种色彩调整命令；<br>（2）掌握调整图像色调的方法；<br>（3）掌握调整图像色彩的方法；<br>（4）掌握图像最佳调色技巧 | （1）会使用曲线、亮度/对比度、色相/饱和度、色阶、替换颜色、去色、反相、通道、应用图像、色彩平衡、渐变映射、通道混合器、可选颜色等色彩调节命令；<br>（2）能根据具体情况，选择合适的命令，设置适当的参数，熟练、灵活运用上述命令，对图像的色彩进行调节 | 6 |
| 3 | 项目3：图像简单合成 | （1）理解图层的作用和特点；<br>（2）熟悉图层面板的各项功能；<br>（3）掌握图层样式的用法；<br>（4）掌握图层蒙版的运用；<br>（5）了解新建调整图层的作用 | （1）会图层基本操作；<br>（2）会图层样式的操作，能根据具体情况，选择合适的图层样式，设置适当的参数；<br>（3）会蒙版的新建、编辑与应用等操作，能灵活利用蒙版处理图片；<br>（4）能根据具体情况，选择合适的图层混合模式，建立合适的调整图层，并设置恰当的参数 | 8 |

| 序号 | 项目 | 知识内容及要求 | 技能内容及要求 | 课时 |
|---|---|---|---|---|
| 4 | 项目4：滤镜应用 | （1）熟悉常用滤镜的功能；<br>（2）掌握常用滤镜使用的方法；<br>（3）熟悉各种滤镜的效果 | 会常用滤镜的使用方法，能根据不同的情况，选择合适的滤镜，并设置恰当的参数 | 6 |
| 5 | 项目5：抠图 | （1）熟悉基本选取工具的用法；<br>（2）理解蒙版的原理；<br>（3）理解通道的原理；<br>（4）掌握通道在抠图中的操作要点；<br>（5）掌握抽出滤镜的用法 | （1）会使用选取类工具；<br>（2）掌握色彩范围的使用方法；<br>（3）掌握边缘清晰的图像、大范围颜色相近的图像、背景色单一的图像的抠图；<br>（4）掌握快速蒙版、通道的基本操作；<br>（5）掌握"抽出"滤镜的使用方法；<br>（6）能根据图片特点采用不同的抠图技巧 | 10 |
| 6 | 项目6：批量处理 | （1）熟悉"动作"面板；<br>（2）掌握动作的基本操作和批量处理 | 能够应用 Photoshop 批量处理图片 | 2 |
| 7 | 项目7：综合实例 | 巩固基本操作，掌握操作技巧 | 能够熟练运用已学知识完成 Photoshop 综合作品的制作，具备一定的平面作品设计能力 | 8 |

（四）实施建议

1. 教学建议

（1）本课程是专业技能课，是一门注重实际操作的课程，应注意培养学生的动手能力。

（2）本课程的教学采用教师授课与学生上机操作相结合的方式，软件的教学要紧跟时代，选择当前最为流行的、最普遍采用的软件教授学生。

（3）在教学过程中，将任务驱动教学法、案例教学、理论教学等相结合，针对不同学习环境，灵活应用这几种方法，达到互相取长补短的目的。

（4）注重实际设计的应用，改革强化实验教学，具体操作流程是首先在课堂上精讲本单元的基本概念、原理和方法，然后通过大量的上机练习锻炼学生的操作能力，这样，在老师精心设计的教学任务驱动下，学生通过任务驱动方式的自主学习与协作学习、讨论学习、探究学习等方式完成任务，在探求解决问题的途径中，学生既学到了知识，又培养了动手实践能力和与人合作能力，更重要的是提高了学生的探索创新精神，使学生学会学习。在完成任务的过程中，学生始终处于主动的主体地位，教师是学生学习的组织者、服务者和导航者。

（5）检查实践效果，督促学生独立完成实践任务。

2. 评价建议

（1）期末考核及方式说明：上机考试。

（2）过程考核说明见表 2-23。

表 2-23　过程考核说明

| 评价项目 | 评　价　内　容 |
| --- | --- |
| 海报或宣传画的制作 | 总体设计布局合理，主题突出，设计得当 |
| 构图及创意 | 构图完整，整体和谐，色彩搭配合理，画面形式有创意，紧扣题意 |
| 实验报告的书写质量 | 条理清楚，文理通顺，用语符合技术规范，字迹工整 |
| 综合 | 考勤合格、设计态度认真，设计时间分布合理 |

（3）课程成绩形成（比例分配）。平时考核：30%，考勤：20%，期末考试：70%。

3. 教材编写与选用建议

使用教材：《Photoshop 案例教程》（微课版），周燕霞等，清华大学出版社，2019 年 8 月。

选读参考书：《 Photoshop CC 实例教程》，林朝荣，电子工业出版社，2019 年 12 月。

必读参考书：高职高专"十二五"计算机类专业规划教材《Photoshop 设计与制作项目教程》，胡艳等，中国电力出版社，2014 年 5 月。

参考网络资源：中国设计网 http://www.cndesign.com/、院精品建设课程课件。

通过校企合作的形式编写项目式校本教材。教材应充分体现设计岗位工作各个过程，教材编写要体现项目课程的特色与设计思想，教材内容体现先进性、实用性，典型项目的选取要科学，具有可操作性，其呈现方式要图文并茂，文字表述要规范、正确和科学。

4. 实验实训设备配置建议

学院配通用机房、信息处理综合实训室、多媒体教室、包装综合实训教室、专业机房等，基本能够满足教学需要。

本课程所有学时在专业实训室中完成，实现教、学、做结合，理论与实践一体化。每学完一个案例都进行核心技能实训，学生在校内课堂中完成实训（非真实工作环境，称为"假做"）。

5. 课程资源开发与利用建议

Photoshop 在商业、广告、建筑、出版、印刷、包装等领域都有非常广泛的应用。"平面设计 I ——Photoshop"课程是为包装技术与设计专业（包装技术与管理）的学生开设的一门专业技能课，所选择的实例应能充分反映该软件在印刷、包装行业应用的特点。教学团队应经常通过查阅书刊、网上搜索、社会调查等方式，收集印刷、包装行业有代表性的优秀设计案例，包括图书封面、杂志广告、店面招牌、宣传册、包装盒外观设计等，然后根据这些案例的创意分析、业界规范、艺术创作思路、成图步骤和方法等进行分门别类，在教学过程中将案例分阶段地提供给学生。

6. 其他

多媒体教学与常规教学结合，利用多媒体教室教学，能够增加学生的感性认识，激发学生的学习兴趣，教师示范上机操作，本课程的教学采用多媒体教学，上课时教师利用课件教学。

## 五、平面设计 II ——Coreldraw 课程标准

课程代号：×××

学 时 数：54　　　理论教学时数：10　　　实践教学时数：44

适用对象：包装策划与设计专业

开课单位：包装策划与设计教研室

编 写 人：×××　　　　　　　　　日期：20××年 12 月

（一）课程概述

**1. 课程性质**

平面设计Ⅱ——Coreldraw 是包装技术与设计专业（包装技术与管理）职业技能模块的课程之一，属于专业核心课，开设于大二第二学期。该课程主要讲授 Coreldraw 软件，通过详细讲解该软件的操作和使用，并结合包装设计讲授的设计方法和思想，讲授包装设计方法和技巧等。通过该课程的学习，使学生懂得平面设计和色彩的基本知识，并能熟练掌握图像处理软件 Coreldraw 的使用方法和基本技巧，具备一定的包装产品平面设计能力，为将来从事相关工作奠定基础。

前导课程：《平面构成与效果图》《Illustrator 绘图》《文字信息处理与排版》。

平行课程：《平面设计Ⅰ——Photoshop》。

后续课程：《包装图文设计实训》。

**2. 课程基本理念**

本课程主要通过前期的设计基础训练，运用绘图软件使学生进入设计层次，在设计岗位工作，大部门企业设计部门给予高职毕业生两天的面试机会，主要是考察学生们的软件操作能力，该课程较好地解决了这一问题，可使学生熟练操作设计软件，使高职学生具备专业技能基本知识、精通应用 Coreldraw 的能力，为学生学习专业知识和职业技能、提高全面素质、增强适应职业变化的能力和继续学习打下良好的基础。突出实践中设计基础的升华及应用，并注意在教学中突出学生学习的主体地位，充分调动学生的学习主观能动性，激发学生的学习热情。形成学生是主体、教师为主导的课堂效果。同时，让学生意识到平日里多观察生活的重要性，在潜移默化中培养学生将来作为一名设计师所应具备的基本素质，着重培养学生设计方案和软件的快速操作能力。

本课程应采用大量的案例辅助教学，以使学生更加清楚、明了地运用 Coreldraw 软件进行图像处理，形成独特的思维理念，同时深入挖掘各类工具背后隐藏的技巧。

3. 课程设计思路

平面设计 II——Coreldraw 是一门操作性非常强的实用性课程，主要讲解基于位图的平面图像处理软件 Coreldraw，总课时为 54 学时，其中理论 10 学时，实践 44 学时。

该课程每次课都应有新的设计作品让学生应用 Coreldraw 设计完成。设计作品应精心挑选，有一定的趣味性和挑战性，以激发学生的兴趣，挖掘其学习的潜能。通过课程把一些设计作品的方法传授给学生，培养其再学习的能力，让学生通过该课程的学习增长软件的操作能力和设计能力。

（二）课程目标

1. 总体目标

本课程主要讲授 Coreldraw 软件，通过详细讲解该软件的操作和使用，并结合包装设计讲授的设计方法和思想，讲授包装设计方法和技巧等。通过该课程的学习，使学生懂得平面设计和色彩的基本知识，并能熟练掌握图像处理软件 Coreldraw 的使用方法和基本技巧，具备一定的包装产品平面设计能力，为将来从事相关工作奠定基础。

2. 具体目标

（1）知识目标。本课程全面细致讲解 Coreldraw 的各项功能，通过该课程的学习，达到如下知识目标：

1）掌握工具箱以及各工具选项栏的详细使用方法。

2）熟悉 Coreldraw 的界面。

3）掌握基本绘图工具的使用。

4）了解包装设计方法和技巧。

5）掌握图像的色彩调节。

6）掌握交互工具特殊效果的使用。

（2）能力目标。

1）具备学习制作作品的完整思路的能力。

2）会正确提出问题、分析问题，掌握解决问题的基本方法。

3）具备一定的设计创新作品的能力。

4）具有熟练的动手能力。

（3）素质目标。

1）学生的独立分析、思考能力以及理论联系实际的应用能力。

2）培养学生的学习情趣及审美能力，使学生产生对美的空间向往和追求的思想情感。

3）激发学生学好本专业的信心。

4）培养学生严谨、乐观、积极向上的作风。

5）培养学生独立思考设计的能力。

（三）课程内容与要求

课程内容与要求见表2-24。

表 2-24　课程内容与要求

| 序号 | 任务/项目/模块 | 知识内容及要求 | 技能内容及要求 | 课时 |
|---|---|---|---|---|
| 1 | 项目1：熟悉 Coreldraw 基本操作 | （1）了解 Coreldraw 软件的发展历史、绘图原理，掌握常用的基本工具；<br>（2）掌握各种选择工具以及自由变换工具的使用方法；<br>（3）掌握基本绘图工具的使用技巧；<br>（4）掌握各种组织对象、变换对象工具的使用方法；<br>（5）掌握文字工具和钢笔工具的使用方法 | （1）会使用常用的基本工具；<br>（2）能够利用各种选择工具以及自由变换工具创建图形；<br>（3）会掌握菜单栏的使用技巧；<br>（4）能利用快捷键工具进行图形处理 | 14 |
| 2 | 项目2：绘制几何形 | （1）熟悉形状编辑工具命令；<br>（2）掌握曲线展开式工具的使用方法；<br>（3）掌握调整图像色彩的使用方法；<br>（4）掌握图像最佳调色技巧 | （1）掌握矩形工具展开栏椭圆工具展开栏、图纸工具，绘制矩形、正方形，绘制椭圆、圆、圆弧、楔形，绘制多边形、交叉星形命令的使用方法；<br>（2）能根据具体情况，选择合适的命令，设置适当的参数，熟练、灵活运用上述命令，绘制螺旋形、方格、预定义形，格式化线条和轮廓线 | 6 |

续表 2-24

| 序号 | 任务/项目/模块 | 知识内容及要求 | 技能内容及要求 | 课时 |
|---|---|---|---|---|
| 3 | 项目3：对象的简单合成 | （1）组织对象；<br>（2）变换对象 | （1）掌握选取对象复制、再制、仿制的基本操作；<br>（2）会删除对象移动、旋转对象样式的操作，能根据具体情况，选择合适的图层样式，设置适当的参数；<br>（3）会设置对象大小、缩放、镜像、倾斜对象的新建、编辑与应用等操作 | 8 |
| 4 | 项目4：形状编辑工具的应用 | （1）形状编辑工具的使用；<br>（2）曲线展开式工具的使用 | 增加节点，调整图形的应用，曲线展开工具的实例应用 | 6 |
| 5 | 项目5：填充对象的应用 | （1）熟悉填充对象工具的用法；<br>（2）色盘设置应用特殊效果的原理 | 掌握填充对象（标准填充、渐变填充、图案填充、底纹填充、Postscript底纹填充、交互式填充工具、滴管工具组、色彩浮动窗口、取消填充）、色盘设置应用特殊效果（交互式调和、轮廓、立体化、阴影、透明工具） | 10 |
| 6 | 项目6：位图处理 | （1）位图处理；<br>（2）位图的导入和裁剪；<br>（3）位图的矢量化操作；<br>（4）位图的特殊效果 | 位图处理，掌握图像类型，位图的导入和裁剪，位图的特殊效果，透镜效果，色调调整 | 2 |
| 7 | 项目7：透镜综合实例 | 巩固基本操作，掌握操作技巧 | 能够熟练运用已学知识完成Coreldraw综合作品的制作，具备一定的平面作品设计能力 | 8 |

（四）实施建议

1. 教学建议

（1）本课程是专业技能课，是一门注重实际操作的课程，应注意培养学生的动手能力。

（2）本课程的教学为 Coreldraw，采用教师授课与学生上机操作相结合的方式，软件的教学要紧跟时代，选择当前最为流行的、最普遍采用的软件教授给学生。

（3）在教学过程中，将任务驱动教学法、案例教学、理论教学等相结合，针对不同学习环境，灵活应用这几种方法，达到互相取长补短的目的。

（4）注重实际设计的应用，改革强化实验教学，具体操作流程是首先在课堂上精讲本单元的基本概念、原理和方法，然后通过大量的上机练习锻炼学生的操作能力，在老师精心设计的教学任务驱动下，学生通过任务驱动方式的自主学习与协作学习、讨论学习、探究学习等方式来完成任务，在解决问题的途径中，学生既学到了知识，又培养了动手实践能力和与人合作能力，更重要的是提高了学生的探索创新精神，使学生学会学习。在完成任务的过程中，学生始终处于主动的主体地位，教师是学生学习的组织者、服务者和导航者。

（5）检查实践效果，督促学生独立完成实践任务。

2. 评价建议

本课程考核成绩由平时考核、期末考试组成，分数比例为：

（1）平时考核：30%，包括学生平时表现、作业完成情况。

（2）期末考试：70%，该课程期末考试主要采用闭卷上机考试方式。重点考核学生使用 Coreldraw 制作平面作品的能力，期末考试的评定方法为：按照学生上交的期末作品成绩评分（或给定素材和作品，按照学生在规定时间内的完成情况评分）。

$$课程考核总成绩 = （1） \times 30\% + （2） \times 70\%$$

3. 教材编写与选用建议

教材选用建议：

使用教材：《Coreldraw X8 案例设计》，王红卫，清华大学出版社，2019年 7 月。

选读参考书：《Coreldraw X5 从基础入门到精通画卷》，亿瑞，清华大学出版社，2013 年 4 月。

必读参考书：《Coreldraw12 图形设计完成征服教程》，黄瑞友，航空工业出版社，2006 年 4 月。

项目实训教材，建议由课程教学团队根据教学实际情况编制课程设计指导书。指导书应包含知识、技能、素养等三方面的要求，以培养学生的作品设计能力及该课程面向的职业岗位需要的职业素养。

以本课程标准为依据，在条件允许的情况下，通过校企合作的形式编写项目式校本教材。教材应充分体现设计岗位工作各个过程；教材以完成任务的典型活动项目来驱动，除了提供纸质的教材资料外，还应通过电子教材、网络资源、音像资料等多种手段提供学习素材，使学生在各种活动中掌握图像处理的基本职业能力；教材中的活动设计要具有可操作性，引入的实例要具有可推广性和实施性。

### 4. 实验实训设备配置建议

学院配备 CAD 实训室、通用机房、信息处理综合实训室、多功能电子阅览室等，基本能够满足教学需要。

温州和杭州地区的设计公司用苹果电脑多一些，增加苹果电脑实训室或增加 2 台苹果电脑，让学生了解苹果电脑的操作系统，使学生设计的作品的效果和打印的效果接近。

### 5. 课程资源开发与利用建议

Coreldraw 在商业、广告、建筑、出版、印刷、包装等领域都有非常广泛的应用。"平面设计Ⅱ——Coreldraw"课程是为包装技术与设计专业（包装技术与管理）的学生开设的一门专业技能课，所选择的实例应能充分反映该软件在印刷、包装行业应用的特点，以便在教学过程中增强理论与实际的联系。

为获得实用性强的案例，教学团队应经常通过查阅书刊、网上搜索、社会调查等方式，收集印刷、包装行业有代表性的优秀设计案例，包括图书封面、杂志广告、店面招牌、宣传册、包装盒外观设计等。然后根据这些案例的创意分析、业界规范、艺术创作思路、成图步骤和方法等进行分门别类，在教学过程中将案例分阶段提供给学生。使学生能通过思考分析，尽快掌握印刷、包装行业平面设计创意的精髓，敲开通往商业设计的大门。

### 6. 其他

学习的目的全在于应用。学生在校内经过课堂教学的训练，对广告、环保、装潢、海报、宣传画等常用的平面设计知识和技能已不再陌生，具备了一定的商业作品创意和设计制作的能力，但他们还未通过社会的检验，或者说他们掌握的知识和技能与社会的实际需要还有一定的距离。在条件允许的情况下，应帮助和鼓励学生到社会实践中去真枪实弹地演练，在实战演练中进一步提高他们的知识水平和解决实际问题的能力，为求职和就业打好基础、铺平道路。

如要求学生进行社会调查，了解 Coreldraw 技术在印刷、包装行业的应用现状和发展水平；同时鼓励学生主动与相关公司联系，了解这些单位在广告、宣传画、包装设计等方面的设计需求，并义务为他们进行图像设计制作，即鼓励学生将掌握的知识和技能直接服务于社会。

## 六、印后加工工艺课程标准

课程代号：×××

学 时 数：40　　　　理论教学时数：20　　　　实践教学时数：20

适用对象：包装策划与设计专业

开课单位：包装策划与设计教研室

编 写 人：×××　　　　　　　　　　　　日期：20××年12月

___

（一）课程概述

1. 课程性质

本课程是包装技术与设计、印刷技术两个专业的核心课程，该课程全面系统介绍印后加工的基本工艺流程和设备种类、操作及注意事项等方面的内容。通过这门课程的学习，使学生深入了解印后加工的工艺、工序，印刷产品实现过程及制作加工过程中的质量影响因素和设备操作等。本课程为毕业实习和就业等奠定了必要的基础。

2. 课程基本理念

本课程主要针对印刷品的表面整饰、成型加工、造型加工等印后加工工艺技术，兼顾内容的新颖性和实用性；同时处理好基础理论与实际应用的关系及系统性和先进性的关系，提高学生的动手能力。

3. 课程设计思路

本课程总体设计思路按照实际包装印刷品的生产工艺流程和工序流程，涵盖了目前常见的包装印刷品生产加工的主要工艺技术，分别为包装印刷品表面整饰工艺、包装印刷品成型工艺和实现特定功能的加工工艺等。授课模式采取理论加实践的方式，一半左右的学时安排学生操作设备和工艺制定。本课程的考核方式分为两大部分，期末考试成绩占50%（试卷卷面成绩）；平时成绩占50%（包括作业、实验、课堂表现和出勤等）。

（二）课程目标

1. 总体目标

通过对本课程的学习，使学生详细了解两大类印刷品的印后加工工艺流程及相关材料、加工设备等相关技术控制。

2. 具体目标

（1）知识目标。

1）使学生了解和熟悉印刷品表面加工的基本工艺流程和工艺技术要求。

2）使学生了解和熟悉印刷品成型加工的基本工艺流程和工艺技术要求。

3）使学生了解和熟悉书刊类印后加工的基本工艺流程和工艺技术要求。

（2）能力目标。

1）使学生能识别印刷品表面加工的基本工艺流程和工艺技术要求，能操作常规的印后加工设备等。

2）使学生能识别印刷品成型加工的基本工艺流程和工艺技术要求，能操作常规的印后加工设备等。

3）使学生能识别书刊类印后加工的基本工艺流程和工艺技术要求，能操作常规的印后加工设备等。

（3）素质目标。

通过印后加工的学习，使学生具有常规印刷品印后加工工艺的识别能力，为后续的学习和就业奠定常识性的理论和必要的设备操作能力。

## （三）课程内容与要求

课程内容与要求见表 2-25。

**表 2-25  课程内容与要求**

| 序号 | 项目 | 知识内容及要求 | 技能内容及要求 | 课时 |
|------|------|----------------|----------------|------|
| 1 | 项目1：印后加工概述 | 了解印后加工基本概述；了解印后加工分类、特点及功能等 | 通过学习印后加工概论，具备熟悉印后加工种类、流程和常用术语等能力 | 2 |
| 2 | 项目2：覆膜 | 了解覆膜技术、工艺和设备；掌握覆膜机操作，并进行简单产品的覆膜 | 通过覆膜原理、工艺及实验操作的学习，能掌握覆膜技术、工艺和设备操作等 | 6 |
| 3 | 项目3：上光 | 了解上光技术、工艺和设备；掌握印刷机上光操作，并能鉴别常见的上光种类 | 通过上光原理、工艺及实验操作的学习，能掌握上光技术、工艺和设备操作等 | 4 |
| 4 | 项目4：模切 | 了解模切与压痕工艺和实际操作；掌握模切版制作和操作模切压痕机 | 通过模切版制作、模切工艺和设备操作的学习，能掌握模切流程和质量检验要求 | 6 |
| 5 | 项目5：凹凸压印 | 了解凹凸压印版材和原理；掌握凹凸压印工艺 | 通过凹凸压印版材制作、压印工艺的学习等，能掌握凹凸压印工艺和设备及质量控制等 | 2 |
| 6 | 项目6：烫印 | 了解烫印技术和质量控制等；掌握烫金机操作并能烫印简单产品 | 通过学习烫印原理、工艺等，能掌握设备操作和指令控制 | 6 |
| 7 | 项目7：复合技术 | 了解包装印刷品复合材料，熟悉常规包装印刷材料复合工艺 | 通过复合原理和工艺的学习，能够熟悉包装印刷复合材料、复合技术工艺和质量检验 | 4 |
| 8 | 项目8：对裱与糊盒 | 了解对裱、糊盒等工艺过程；掌握对裱机操作 | 通过原理和工艺的学习，能掌握对裱与糊盒的工艺要求和质量要求 | 2 |
| 9 | 项目9：平装 | 了解平装书常用术语；熟悉平装书籍装订技术；掌握装订机和书刊胶合操作 | 通过平装装订技术术语学习和流程的学习，能够熟悉平装装订技术工艺 | 4 |
| 10 | 项目10：精装 | 了解精装书常用术语；熟悉精装书籍装订技术 | 通过精装书籍装订知识学习，能够熟悉精装书生产的基本工艺流程和质量要求等 | 2 |
| 11 | 项目11：其他形式 | 了解其他形式的装订技术等 | 熟悉其他形式的装订技术 | 2 |

（四）实施建议

1. 教学建议

该课程需要配套的实验器材，主要为全套的印后加工设备，包括覆膜机、烫金机、模切机、胶装机、切纸机、装订机等，设备操作基本上能够满足教学要求，实践教学前必须试先调试机器，操作时注意安全。

2. 评价建议

平时成绩为 30%，期末考核为 70%。平时成绩中作业和实训报告占 10%，出勤占 10%，课堂表现占 10%。

3. 教材编写与选用建议

教材：《印后加工技术》，钱军浩，化学工业出版社。
教学参考书：
《实用印刷技术丛书：印后加工》，金银河，化学工业出版社。
《印后加工机械》，翁洁，化学工业出版社。

4. 实验实训设备配置建议

印后加工常用设备包括覆膜机、模切机、烫金机、胶装机、装订机等实训设备。

5. 课程资源开发与利用建议

实训室配置必要的易损和消耗配件，便于更换和维护，同时部分旧设备需要及时维修。

## 七、瓦楞纸箱印刷与成型课程标准

课程代号：×××
学 时 数：54　　　　理论教学时数：30　　　　实践教学时数：24
适用对象：包装策划与设计专业
开课单位：包装策划与设计教研室
编 写 人：×××　　　　　　　　　　　　　日期：20××年5月

（一）课程概述

1. 课程性质

本课程是包装技术与设计专业的专业技能课之一，本课程全面、系统介绍瓦楞纸板的制作过程，印刷过程加工过程及纸箱成型、测试、设计等方面的内容，内容全面、语言精练，通过这门课程的学习，使学生详细了解瓦楞纸箱印刷与成型的相关知识。

2. 课程基本理念

本课程主要针对瓦楞纸板、瓦楞纸箱的基本生产工艺和设备操作进行描述，包括基本种类、性能、材料选用、加工工艺流程、质量检测和设计等，兼顾内容的新颖性和实用性；同时处理好基础理论与实际应用的关系及系统性和先进性的关系，提高学生的动手能力。

3. 课程设计思路

本课程的设计按照实际生产工艺流程设计，主要包括原材料的性能检测、生产工艺的制定、成品和半成品的检测以及关键设备的工作过程和原理等相关内容。考虑实验环境和实验条件等因素，部分实训内容可以考虑采取校企合作方式，组织学生到瓦楞纸板、瓦楞纸箱等生产车间具体见习，以便更好地了解和体验。

本课程最终成绩分为两大部分：平时成绩和期末成绩，平时成绩包括作业、实验、课堂表现和出勤等。

（二）课程目标

1. 总体目标

通过对本课程的学习，使学生了解瓦楞纸板、纸箱生产企业现状及加工工艺等，通过课程的学习，要求学生掌握瓦楞纸箱的生产加工的全部工艺流程及相关内容，并创造一定的实习机会，提高学生的实际动手能力，为将来就业奠定基础。

2. 具体目标

（1）培养学生了解和熟悉瓦楞纸板的基本定义、性能、材料及加工工艺流程和设备操作；

（2）培养学生熟悉瓦楞纸箱加工成型的基本工艺流程和工艺技术要求及设备操作；

（3）培养学生熟悉瓦楞纸板、纸箱的质量检测和基本结构及性能设计等。

（三）教学内容与要求

教学内容与要求见表2-26。

表2-26　教学内容与要求

| 项 目 | | 知识内容及要求 | 技能内容及要求 | 课时 |
|---|---|---|---|---|
| 第一篇 瓦楞 纸板 | 第一章 瓦楞纸板 基本常识 | 了解瓦楞纸板的基本结构和相关材料性能及选用 | 通过对本章的学习，使学生了解瓦楞纸板的基本性能和常用材料 | 6 |
| | 第二章 瓦楞纸板 性能检测 | 掌握瓦楞纸板的基本生产工艺流程，熟悉相关设备及性能 | 通过对本章的学习，使学生了解瓦楞纸板的基本生产工艺流程和相关设备等 | 8 |
| | 第三章 胶黏剂制 备及应用 | 熟悉胶黏剂的种类及性能，掌握瓦楞纸板用胶黏剂的制备和性能 | 通过对本章的学习，使学生熟悉瓦楞纸板用玉米淀粉胶黏剂的基本生产工艺流程和相关设备等 | 4 |
| | 第四章 生产中常见的 故障及解决 | 熟悉常见瓦楞纸板质量问题及解决方法 | 通过对本章的学习，使学生熟悉常见瓦楞纸板质量问题及解决方法等 | 4 |
| 第二篇 瓦楞纸 板印刷 | 第五章 瓦楞纸板柔性版 印刷的印前处理 | 了解瓦楞纸板印前设计注意事项及出版制版流程 | 通过对本章的学习，使学生了解印前设计注意事项及出版流程等 | 2 |

续表 2-26

| 项目 | | 知识内容及要求 | 技能内容及要求 | 课时 |
|---|---|---|---|---|
| 第二篇<br>瓦楞纸<br>板印刷 | 第六章<br>感光树脂柔<br>性版的制作 | 熟悉柔性版的基本结构和性能，掌握柔性版制版工艺 | 通过对本章的学习，使学生了解柔性树脂版制版基本流程和质量控制等 | 4 |
| | 第七章<br>瓦楞纸箱直接<br>柔性版印刷工艺 | 掌握柔性版印刷的基本原理，熟悉设备及构成 | 通过对本章的学习，使学生掌握柔性版印刷的基本原理，熟悉设备及构成 | 4 |
| | 第八章<br>瓦楞纸板柔性<br>版印刷油墨 | 掌握水性油墨的基本种类和组成，熟悉水性油墨的调配和使用 | 通过对本章的学习，使学生掌握水性油墨的基本种类和组成，熟悉水性油墨的调配和使用 | 4 |
| | 第九章<br>瓦楞纸板预印<br>工艺及设备 | 熟悉瓦楞纸板预印工艺流程和设备等 | 通过对本章的学习，使学生熟悉瓦楞纸板预印工艺流程和设备等 | 4 |
| 第三篇<br>瓦楞<br>纸箱<br>成型与<br>检测 | 第十章<br>瓦楞纸箱<br>结构及设计 | 熟悉瓦楞纸板箱形结构，了解结构设计和强度设计 | 通过对本章的学习，使学生熟悉瓦楞纸板箱形结构，了解结构设计和强度设计 | 6 |
| | 第十一章<br>瓦楞纸箱<br>模切技术 | 熟悉瓦楞纸板模切板的制作工艺和模切加工 | 通过对本章的学习，使学生熟悉瓦楞纸板模切板的制作工艺和模切加工 | 4 |
| | 第十二章<br>纸板纸箱的<br>质量检测 | 纸板纸箱的质量检测 | 掌握纸板纸箱的质量检测 | 4 |

## （四）实施建议

### 1. 教学建议

该课程需要配套的实验器材，主要为全套的印后加工设备，包括模切机、裱胶机、切纸机、装订机等，设备操作基本上能够满足教学要求，实践教学前必须试先调试机器，操作时注意安全。本课程主要采用课堂讲解、图稿演示和做实验相结合的形式。为了加强学生记忆和对印刷材料性能的了解，本课程安排了 8 个实践课时，主要做印刷材料类检测和验证类实验。为了让同学们了解印刷材料在企业中的实际应用，需到印刷包装企业见习。

2. 评价建议

平时成绩为 30%，期末考核为 70%。平时成绩中作业和实训报告占 10%、出勤占 10%、课堂表现占 10%。

3. 教材编写与选用建议

教材：《瓦楞纸箱印刷与成型》，陈永强，化学工业出版社。
教学参考书：
《瓦楞纸箱的印刷与成型》，王建新主编，印刷工业出版社。
《印刷材料及适性》，向阳主编，印刷工业出版社。

4. 实验实训设备配置建议

印后加工常用设备包括模切机、烫金机、裱胶机、装订机等实训设备。

5. 课程资源开发与利用建议

实训室配置必要的易损和消耗配件，便于更换和维护，同时部分旧设备需要及时维修。

## 八、包装印刷课程标准

课程代号：×××
学 时 数：54　　　　　理论教学时数：44　　　　　实践教学时数：10
适用对象：包装策划与设计专业
开课单位：包装策划与设计教研室
编 写 人：×××　　　　　　　　　　　　　　日期：20××年 2 月

（一）课程概述

1. 课程性质

本课程是包装技术与设计专业的核心基础课程之一，内容包括各种包装印刷方式的印刷工艺基础、工艺原理、工艺方法、工艺要素与参数、工艺过程控制、工艺设计与管理等，内容涉及多个工序与岗位，对整个专业知识的学习和核心技能的掌握起着重要的支撑作用。该课程力求使学生通过学习能够掌握基本印刷方式的各个工序。

2. 课程基本理念

本课程力求反映近期包装印刷技术的最新成就，同时对一些传统包装印刷工艺流程及工艺技术进行介绍，兼顾内容的新颖性和实用性；并处理好基础理论与实际应用的关系及系统性和先进性的关系，使学生具有一定的操作能力。

3. 课程设计思路

本课程主要介绍包装印刷方式及包装印刷工艺流程，即平版印刷、凸版印刷、柔性版印刷、凹版印刷及丝网印刷工艺。本课程理论课时占总课时的81%，实践课时占19%。考核以闭卷考试为主，考试成绩占总成绩的70%，平时提问、考勤、纪律、作业、学习态度等成绩占30%。

（二）课程目标

1. 总体目标

通过本课程的学习，使学生能够掌握平版、凸版（柔性版印刷）、凹版及丝网印刷的原理及工艺技术过程。课程采用理论与实践相结合的方式，为学生在今后的工作中解决印刷生产中的理论和实践问题打下良好的基础。

2. 具体目标

（1）知识目标。
1）掌握平版印刷工艺的原理、平版印版的制作及平版工艺技术等。
2）掌握柔性版印刷工艺的原理、凹版印版的制作及凹版工艺技术等。
3）掌握丝网印刷工艺的原理、丝网印版的制作及丝网工艺技术等。
4）了解凹版、凸版印刷工艺的原理等。
5）了解包装印刷工艺的发展趋势和动态。
（2）能力目标。
1）能够简单操作印前设备、包装印刷设备及印后加工设备。
2）能够独立设计产品包装印刷工艺流程。

3）具备分析及解决常见包装印刷故障的能力。

（3）素质目标。培养学生分析和解决实际问题的能力，为产品包装印刷复制提供理论基础。

（三）课程内容与要求

课程内容与要求见表 2-27。

表 2-27　课程内容与要求

| 序号 | 任务/项目/模块 | 知识内容及要求 | 技能内容及要求 | 课时 |
|---|---|---|---|---|
| 1 | 平版印刷工艺技术 | （1）掌握平版印刷的水墨相斥原理及水墨的动态平衡原理；<br>（2）掌握 PS 版的制版工艺流程及注意事项；<br>（3）掌握平版印刷工艺流程及平版印刷设备的结构，能简单进行印刷机的操作与调节；<br>（4）掌握平版印刷新技术，包括无水平版、CPC 控制技术及数字印刷技术的原理 | （1）理解水墨平衡，判断水墨平衡；<br>（2）会晒制阳图型 PS 版；<br>（3）熟悉平版胶印机的结构并会简单操作平版胶印机；<br>（4）能够比较新技术与传统技术的区别，分析新技术解决哪些问题 | 30 |
| 2 | 凸版印刷工艺技术 | （1）掌握凸版印刷的原理；<br>（2）掌握凸版的制取；<br>（3）掌握凸版印刷工艺，了解凸版印刷设备；<br>（4）掌握柔性版的原理、制版工艺及印刷工艺流程 | （1）分析凸版制版与平版制版的区别；<br>（2）将凸版与平版印刷工艺进行对照分析；<br>（3）分析柔性版与凸版印刷的异同点 | 10 |
| 3 | 凹版印刷工艺技术 | （1）掌握凹版印刷原理，了解凹版印刷的发展；<br>（2）掌握凹版制版工艺流程；<br>（3）掌握凹版印刷设备结构，凹版印刷操作注意事项 | （1）分析凹版与其他板材的区别，其制版工艺与凸版制版工艺的区别；<br>（2）学会穿膜操作及刮墨刀的安装与调节操作 | 8 |
| 4 | 丝网印刷工艺技术 | （1）掌握丝网印刷原理，了解丝网印刷的发展；<br>（2）掌握绷网工艺机丝网印刷制版工艺技术；<br>（3）掌握丝网印刷的材料、设备、工艺流程，了解质量控制 | （1）学会绷网操作及丝网版的晒制工作；<br>（2）学会丝网印版的安装及丝网印刷设备的操作 | 6 |

（四）实施建议

1. 教学建议

以真实产品的包装印刷工艺为载体，以项目带内容，使学生通过具体生产任务来全面掌握包装印刷工艺各个环节的任务和操作要求。

2. 评价建议

本课程可以加大实践操作成绩的比例，提高学生实际操作的能力。

3. 教材编写与选用建议

教材：《包装印刷技术》，徐文才著，中国轻工业出版社。
教学参考书：
《包装印刷技术》，霍李江著，中国工业出版社。
《胶版印刷工艺原理》，刘昕编著，印刷工业出版社。
《印刷概论》，刘跃坤编著，印刷工业出版社。
《凹版印刷技术》，钟泽辉、杨辉编著，印刷工业出版社。
《网印制版技术》，王强编著，印刷工业出版社。

4. 实验实训设备配置建议

与本课程相配套的实验实训室主要有印刷实训室、包装工艺实训室、印刷品质量与过程控制实训室、印刷材料实训室等。

5. 课程资源开发与利用建议

利用网络资源，向学生提供课件、教学视频、试题库等资料，提高教学效果。

---

**参 考 文 献**

［1］高艳飞. 研制国家职业岗位标准创新包装专业课程体系——中山火炬职业技术学院包装专业人才培养的实践探索［J］. 广东职业技术教育与研究，2019（4）：52~55.

［2］龙惠敏. 高校艺术设计专业包装设计课程教学改革与创新研究［J］. 设计，2019，32

（15）：102~103.

［3］徐海芳. 高职广告设计与制作专业"包装设计"课程教学模式［J］. 绿色包装，2019（8）：58~60.

［4］郑笑仁. 视觉传达设计专业包装设计课程群构建探析［J］. 湖南包装，2019，34（3）：118~120，130.

［5］崔爽，徐绍虎. 关于包装工程专业关联课程教学的思考［J］. 科技视界，2019（18）：161~162.

［6］肖尚月，孙金才. 高职食品专业课程思想政治教育的探究与实践——以《食品包装技术》课程为例［J］. 食品与发酵科技，2019，55（2）：121~124.

［7］张翼展. 高校艺术设计专业包装设计课程教学改革与创新［J］. 现代交际，2019（7）：182~183.

［8］杜斌，智秀娟. 包装工程专业《包装材料学》课程教学探索［J］. 教育教学论坛，2019（14）：125~126.

［9］陈婷. 广告设计专业中包装设计课程的教改探讨［J］. 美术教育研究，2019（4）：90~91.

［10］张珊，杨成立. 以职业技能为导向的应用型工科高校包装设计课程体系改革——以南京工程学院视觉传达设计专业为例［J］. 湖南包装，2018，33（6）：111~115.

［11］姚大斌. 项目化课程机制与运行探索——以浙江纺织服装学院包装策划与设计专业为例［J］. 教育现代化，2018，5（51）：106~107.

［12］付云岗，郭彦峰，黄颖为，等. 创新创业形势下学分制教学改革与实践——以西安理工大学包装工程专业为例［J］. 教育现代化，2018，5（44）：67~70.

［13］肖颖喆，赵德坚，滑广军，等. 包装工程专业课程竞赛驱动式教学法的运用［J］. 教育教学论坛，2018（35）：189~191.

［14］尹述睿. 将创新思维植入视觉传达专业包装设计课程［J］. 艺海，2018（8）：120~122.

［15］牛玉慧. 高校艺术设计专业包装设计课程教学改革与创新［J］. 科教文汇（中旬刊），2018（5）：49~50.

［16］肖志敏. 探讨印刷包装行业转型升级阶段人才培养中存在的问题与对策［J］. 广东印刷，2018（2）：58~60.

［17］徐淑艳，刘兵，姜凯译，等. 包装工程专业在线开放课程建设的教学改革与实践［J］. 安徽农业科学，2018，46（9）：227~228，231.

［18］黎英. 包装设计"四化"课程体系的构建——以湖南工业大学包装设计专业为例［J］. 包装世界，2018（2）：61~64.

［19］罗定提，龚苗苗，鲁芳，等. 包装学科内涵及学科体系研究［J］. 包装学报，2017，

9 (6)：76～83.

[20] 韩翠霞，徐莹，蔡艳霞. 从《包装设计》课程看微课在视觉传达设计专业教学应用 [J]. 农村经济与科技，2017, 28 (24)：287.

[21] 薛文博. 高等学校包装工程专业双语课程教学改革探索 [J]. 智库时代，2017 (17)：84, 86.

[22] 吴宣宣，童锋，胡新根，等. "工匠精神"融入高职技能人才培养的实践思考——以印刷包装专业为例 [J]. 南方农机，2017, 48 (22)：9～10.

[23] 王海莹，陈楚楚，李万兆.《包装结构设计》课程实践教学改革探讨 [J]. 包装世界，2017 (6)：88～89.

[24] 王丽颖. 翻转课堂视域下的包装专业课程改革 [J]. 信息记录材料，2017, 18 (11)：153～154.

[25] 朱华明. 高职广告设计与制作专业"包装设计"课程教学模式探索 [J]. 美与时代 (上)，2017 (9)：108～110.

[26] 陈楚楚，徐丽. 包装工程专业的色彩构成课程教学改革 [J]. 课程教育研究，2017 (37)：250.

[27] 李昭，孙建明，王小芳. 包装工程专业包装容器结构设计课程教学改革探讨 [J]. 中国教育技术装备，2017 (14)：102～103, 106.

[28] 张书彬，杨祖彬，唐全波，等. 具有包装系统设计能力的包装工程专业课程体系探索 [J]. 现代经济信息，2017 (12)：399～400.

[29] 曹亚斌，王西珍，张洪军，等. 面向企业需求构建包装工程专业核心课程体系 [J]. 教育教学论坛，2017 (25)：23～24.

[30] 骆正茂，姜茜. 跨专业群共建生产性实训基地研究——以浙江东方职业技术学院计算机专业群与印刷包装专业群为例 [J]. 辽宁高职学报，2017, 19 (4)：62～64.

[31] 崔庆斌. 论整体化包装设计理念教学的必要性 [J]. 上海包装，2017 (4)：44～46.

[32] 周祺芬. 视觉传达设计专业包装设计课程教学方式与方法的改革 [J]. 美术教育研究，2017 (8)：141.

[33] 鲍蓉. 新媒体影响下的印刷包装人才培养模式的研究 [J]. 中国包装，2017, 37 (4)：71～73.

[34] 陈春晟，郑权，李琛，等. 基于学科竞赛的包装工程专业人才核心能力培养模式研究——以《包装结构设计》课程为例 [J]. 广东化工，2017, 44 (7)：238, 242.

[35] 张岩，魏庆葆，宋卫生. 应用型本科包装工程专业课程体系研究 [J]. 河南牧业经济学院学报，2017, 30 (2)：69～73.

[36] 曹慧，张腾达. 浅论高职院校印刷包装专业创新发展新思路 [J]. 印刷杂志，2017 (2)：60～63.

[37] 蒋蕾. 关于中等职业学校数字媒体专业视频包装方向课程改革的探讨 [J]. 课程教育研究, 2017 (2): 254~255.

[38] 李春伟, 张群利, 陈春晟, 等. 包装工程专业工程化特色课程设置的研究 [J]. 广东化工, 2016, 43 (24): 158.

[39] 胡晓霞. 高职高专艺术专业 "包装设计与制作" 课程教学研究 [J]. 科教导刊 (下旬), 2016 (11): 71~72.

[40] 徐淑艳, 陈春晟, 王桂英. 包装工程专业导论课程教学实践与探索 [J]. 广东化工, 2016, 43 (21): 179, 198.

[41] 曾广春, 陈晶晶, 门超. 包装设计素描课程改革初探——基于高职包装策划与设计专业基础课程教学的视角 [J]. 南宁职业技术学院学报, 2016, 21 (5): 75~78.

[42] 王晶晶. 混合式学习模式在高职艺术设计专业课程中的研究——以包装设计课程为例 [J]. 天津职业院校联合学报, 2016, 18 (9): 95~98.

[43] 黄文艺, 黄银林, 刘宏斌, 等. "互联网+" 时代对包装印刷企业的影响及其转型分析 [J]. 中国管理信息化, 2016, 19 (14): 53~54.

[44] 徐朝阳, 孟国忠, 徐丽, 等. 创新实践型包装工程与设计专业人才培养研究 [J]. 安徽农业科学, 2016, 44 (13): 310~311.

# 第三章 印刷包装专业课程改革探索与案例分析

## 第一节 高职包装技术与设计专业通识教育构建

目前，我国高职教育已经进入蓬勃发展的阶段，高职院校在专业建设、课程建设、实践教学等多个方面均取得了一定的成就，为社会培养和输送了一大批面向生产和服务社会第一线的高级技术技能型人才。但同时，我们也清楚地看到，目前高职教育中普遍存在专业技术分割过细、知识结构相对单一、素质教育较为薄弱、文化修养相对狭窄等弊端，与现代社会对知识面广、适应力强、具有思辨和创新能力人才的需求存在一定的距离。高职教育培养的学生并不应该仅仅是掌握某项技能和技术的"就业人"或是"操作工"，而且还应该是一个具有可持续发展潜力的"职业人"。这种具有自我发展素质的"职业人"的培养并不是依靠单纯的技术教育和职业培训就能完成的，必须将通识教育纳入其中。这既是教育的需求、社会的需求，更是个体长远发展的需求。

### 一、包装技术与设计专业知识和能力结构认识

包装技术与设计专业核心知识模块包括两个方面，一是包装设计能力，二是包装工艺技术能力。

#### （一）包装设计能力

该模块主要是培养包装专业同学的包装设计能力，其设计能力一般涵盖两个方面，第一方面是印刷包装品表面的图文信息处理和图文设计与创作等。

## （二）包装工艺技术能力

第二方面主要是包装结构设计，涵盖了材料的选用、物理力学性能的测试以及造型的设计等。如图3-1所示。

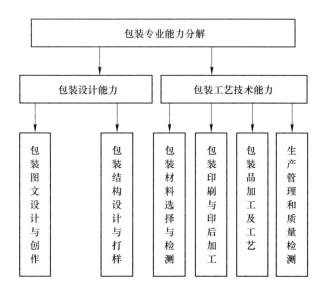

图 3-1　包装专业能力分解图

## 二、专业通识教育设计的基本原则

### （一）提高通识教育课程规划的科学性

随着信息化时代的到来，专业学生除了要学习专业技术工作，还要学习和掌握与专业相关的信息技术及人文素养等。因此在设计人才培养方案时，除了设计专业技能知识的学习，还要开设部分通识课程。当然这部分内容可以设计为专业选修课程，或设计为公共必修课等。通识教育的设置一般由学校和专业根据人才培养的定位和后续可持续发展性确定。在开设专业相关的通识教育课程和人文素养等相关课程时，应该适当考虑到院系和专业的师资、实训环境以及其他的教学资源等，只有在优势资源的基础上，才能优化资源配置，不至于导致生搬硬套的结果。另外，作为职业院校，可以通过校企合作、校校合作等方式合作实施。

（二）调整现有人才培养方案，促进专业教育与通识教育融合

应通过调研和分析掌握温州地区，乃至浙江省省内的印刷企业人才开发和人才需求情况及国内开设印刷专业的高职院校通识教育发展现状及规律，把握高职印刷专业人才培养定位，积极调整现有的人才培养方案，增加更有利于拓展学生综合职业素养的课程，促进专业教育与通识教育的融合，改进学生现有的知识体系，提高学生综合能力。

1. 学生培养目标与通识教育理念

制订专业建设发展规划，明确提出培养大学生德、智、体、美全面发展，适应区域经济和地方特色产业发展需要，使大学生毕业时成为具有创新精神、活跃思想、实践能力和社会责任感的建设人才。这是我校培养学生的教学目标，只有通识教育模式，把科学文化知识和品德修养教育结合起来，才能提高大学生的素质能力，增强大学生创新思维和社会实践能力，使大学生成为既具有精通的专业知识，又具有广博的文化知识和正确的价值观等的人才。在对大学生培养中，应达成对通识教育的共识。

2. 挖掘通识教育的课程资源

根据学院和专业现有教学资源与专业特色，有针对性地开设部分人文素质教育，制定相应的政策和制度。在人才培养方案中，以提高学生的素质为目标，根据设置"通识教育课程"的要求，把通识教育选修课面向全校学生，利用通识教育选修课等方式，增强"人文身心素质""职业创新素质""社会能力素质""科研能力素质"等教学的关联性；加大小学分课程比重。应通过积极挖掘通识教育资源，引进校外通识教育人才，鼓励学生积极选修通识教育课程，为培养大学生成为通识人才奠定基础。

3. 认真总结通识教育与教师通识教育课程建设

加强通识教育改革，要从学校、专业等多个层面进行。同时要针对不同专业、不同教学资源等进行设计开发。目前很多职业院校采用的措施有小班化教学、多媒体授课和网络教学。应充分发挥课堂教学的优势，以学生为本，利用和发挥学校现有教学资源的作用，为我校通识教育课程体系

建设搭建理论与实践互动的良性平台；聘请行业专家、企业技术管理人员进行专题讲座，开设通识教育选修课程等，拓宽和提升职业院校大学生人文素养和技能等。

### 三、包装专业技术通识教育的构思

近些年随着信息技术、自动控制技术和新材料等新技术的快速发展，已经有许多包装印刷企业引进和改进传统设备及工艺，加速数字化转型。包装印刷业正在快速进入数字化时代——图文数字化、生产工艺数字化、设备操作数字化、生产经营管理数字化、营销网络化等。快速发展的行业，竞争日趋激励，企业对技能型人才的要求与求职者的职业能力的差异矛盾也日趋明显，这就需要高校积极调整人才培养策略，培养更加适用的高素质、高技能人才。面对新工艺、新材料和新技术的不断更新，需要更多的思考，如何调整人才培养方案和培养模式，设计更能贴合实际生产岗位能力需求的课程体系以及培养高素质高级人才等。因此，只具有包装专业基本职业能力，对于高技能高素质人才的培养远远不够，必须结合时代的发展以及学生成长的需要，为其设计开发一套职业拓展模块，丰富其专业知识外的系列辅助知识，以拓展知识面，为其将来就业以及职业拓展等提供便利。

根据本校包装专业历年的毕业和就业情况看，包装专业几乎有50%的同学会从事包装设计、平面设计、广告设计和印前图文图像处理等相关工作，为了提升学生的职业能力，应该加强相关课题的设计和知识面的扩展，提升学生的实践能力和应用能力等。包装专业在设计此类课程时，除了开设传统的部分平面设计类课程，还应该开设部分立体设计课程，同时需要结合企业对人才的需要，开设部分与理论配套的实训教学，通过实际案例进行仿真教学，在部分综合实训教学课程中，还可以引入社会订单进行课堂教学，提升同学们对客户需求的认识。类似的还有包装印刷能力的拓展、包装销售能力的拓展、生产管理能力的拓展等。

除了以上与专业直接相关的职业能力的培养外，随着"互联网+"社会经营模式的不断深入，每个行业的同学必须了解网络信息社会的发展特点。各专业在培养职业能力时也应该考虑到包装专业的同学在网络设计能力的拓展教育等。尽量争取通过专业选修等方式，开设部分相关入门课程，提升对时代信息发展的认识。

### 四、人文素养通识教育的构思

各专业除了进行与专业相关的课程体系设计与拓展外，还应该适当考虑高职学生的属性，在人才培养方案中应该适当设置部分与人文素养相关的课程，包括人文身心素质、职业创新素质、社会能力素质、科研能力素质等，这样可为学生的可持续发展奠定良好的基础。

### 五、小结

印刷包装专业在温州地区的高职院校具有较强的行业背景，探讨该专业高职院校通识教育课程体系的构建并提出可行的解决方案或实施策略，更注重学习思考能力、学习能力、创新能力的培养，对于高职院校走内涵式发展道路，顺应当今社会终身化学习的要求，对于更好地服务专业教育和人才培养具有切实而重要的指导意义。

## 第二节 "作品创新+设计报告+答辩"模式的包装专业实训改革

实训教学是培养现代高职学生实践能力、职业能力、独立分析和解决问题能力的重要教学环节，更是实现专业技能型人才培养目标必不可少的关键环节。为了更好地体现项目组所在包装策划与设计专业的办学特色和强化所在专业学生的实训效果和实践能力，项目组以所在学院包装策划与设计专业为例，探索与推行基于"作品创新+设计报告+答辩评价"的综合实训模式。

### 一、实训教学体系构建

一般高职技能人才培养的过程中，根据专业的特点和人才培养的目标，会开设不同形式的实训教学，大致分为认知实训、单项实训、综合实训以及毕业实习等。不同层次的实训安排不同方面的教学内容，实现不同的教学效果。总体上来说，项目与项目之间存在一定的关联性和层递性。图3-2所示为项目组结合包装专业的能力特点构建的不同层次的实训。

图 3-2　包装专业的实训体系

## 二、综合实训课程实施与改革

### （一）综合实训模式实施

综合实训是整个实训体系中最关键的一个环节，一般情况下综合实训课程的课时量较大，往往占 6~10 周，因此在实施与开展模式上要全面考虑。

#### 1. 双师型教师配置

双师型素质教师是开展和完成综合实训教学的必备前提条件，只有老师具备了理论与实践相结合的知识下，才有可能指导学生完成。指导教学必须能够设计出良好的实训案例或实训项目。用于实训教学的项目可以是真实的企业案例或者是仿真性的教学案例，案例一方面要与专业的关联度较强，其次要求具有较好的操作性和代表性等。另外，项目指导教师除了要具有较强的操作能力，最好具有一定的评价和拓展指导能力。只有这样，综合实训才能够实现教、学、做一体化，同时实现拓展和创新。

#### 2. 实训任务构建和实施模式

实训任务的构建是良好开展实训的重要条件，实训指导教师需要有丰富的教学经验和实际工作经验，能够很好地将真实案例或仿真式案例用于教学，既要做到与专业重要知识点相结合，又要具有良好的操作性，且能够保证大部分学生或团队在某个规定的时间段内能有效完成。通过设计与制作作品的全部环节，不仅仅可以提高学生对专业知识的掌握，同时还可以对指导老师提出要求，促使其进步和提高。

其次实训过程的实施方式也是非常重要的，目前使用较多的教学方式有任务驱动式、项目引领式、实操案例式等。实训指导教师需要针对不同层次的学生，采用分类分层、设计与分配不同难度的任务，再采用项目引领式和任务驱动式完成。可以将项目分解后形成若干个小项目，布置给同学或者小组，通过项目的分解和团队的合作共同完成。同时在合理的时间安排下，有任务、有步骤地完成，阶段性地推行，使实施的效果更加可控。

### 3. 必要的实训实施配置

俗话说得好"巧妇难为无米之炊"，必要的实训设施配置是开展实训的前提，尤其是综合性实训，更是高质量完成的保证。不少学校在硬件配置不够完善的背景下，更希望采取校企合作等方式，希望借用企业的生产场所和硬件设施完成教学任务。项目组通过调研和资料查询，认为将学生组织到企业或生产车间完成认识实训、单项实训或顶岗实习等应该比较理想，但是组织学生到企业完成综合实训往往效果不佳，甚至可以说有利有弊，或许主要是企业和学校的出发点的差异。

### （二）考核方式改革与评价

为了更好地体现基于"作品创新+设计报告+答辩"模式的综合实训改革效果，必须对考核方式也进行改革。考核效果分为三个层次：优等，分值18~20分；良好，分值10~15分；合格，分值5~10分；不合格，0~5分。考核的项目分为选题、结构设计合理、实物或样品、电子作品和过程图片、答辩效果等。具体表格见表3-1。

表3-1　考核项目及分值

| 项目 | 分　值 | | | |
|---|---|---|---|---|
| | 18~20 | 10~15 | 5~10 | 0~5 |
| 选题 | 完全符合要求 | 符合要求 | 基本符合要求 | 不符合要求 |
| 结构设计合理 | 合理、规范、有条理 | 合理 | 基本合理 | 不合理，错误明显 |

| 项目 | 分　　值 | | | |
|---|---|---|---|---|
| | 18~20 | 10~15 | 5~10 | 0~5 |
| 实物或样品 | 制作精细 | 制作一般 | 制作较差 | 制作差 |
| 电子作品和过程图片 | 绘图精细，正确 | 绘图一般 | 绘图较差 | 绘图差 |
| 答辩效果 | 准备充分，答辩良好 | 准备、答辩一般 | 准备、答辩较差 | 准备、答辩差 |

## 三、成果收集与展示

### （一）成果收集与展示

事实上，要想较好地设计毕业实践报告模式，必须深刻了解专业特色和特点。团队通过对国内外多所设有包装策划与设计专业的高职院校进行多次详细调研和分析，明确提出了包装策划与设计专业的定位：通过实训和技能竞赛，推动包装专业学生及教师设计与创意包装作品，通过作品收集与成果展示，让作品和成果作为无声的宣传员，提升包装专业在学校、行业和全社会的专业影响力，最终形成品牌效应。

当然不同的专业定位也不全相同，因此设计与开发符合自己专业特点的毕业实践报告的新模式会更加凸显专业特点和培养学生的职业能力，当然也利于专业学生的技术技能培养和将来走向企业岗位。

### （二）提高毕业综合实践的教学效果和展示效果

通过包装作品创意与设计+配套的设计说明报告新模式的构建与实施，明确本专业的学生要完成的任务和目标，使学生在完成任务和目标的过程中更加全面了解作品设计思路、作品制作过程和制作工艺，同时要求在过程中能够在老师或者师傅的指导下较好地完成相关工具和软件的使用等。由于作品在设计与制作的过程中，要求学生必须亲力亲为，因此减小了直接抄袭的概率。同时，毕业生在完成作品的过程中还要学会使用相关的设备和器材，这样也更加有助于提高毕业生对专业知识的进一步了解和掌握实际工艺过程，在一定的意义上讲对学生的实践能力的培养也是有帮助的。

通过选拔设计与制作的优秀作品，重点选拔原创性较强且具有一定创意和创新的作品；再组成创新小组，对相关作品进行进一步的完善和提升，参加相关的竞赛评比。最后，通过优秀作品的评比获奖及收集展示，凸显专业特色和培养学生技术技能。作品实际上就是学生技术技能的最好广告，也是专业影响力和特色最直接的体现。

## 四、改革的影响因素

既然是改革，就需要设计纲领性提案，并要形成与之配套的管制制度或条例等，只有在政策的配套或扶持下，改革与实施才有可能实现和完成。当然要想对现有的毕业综合实践报告进行"作品+设计说明书"为导向的改革，必须面对和处理以下几项可能遇到的问题。

### （一）教师阻碍

对现有的毕业综合实践报告进行"作品+设计说明书"为导向的改革，在一定程度上与现有模式相比较，对论文的指导教师提出了更多的要求，需要指导教师付出更多的时间去指导，甚至还要学习等。因此在一定的情况下，部分教师可能会反对改革毕业综合实践报告的提议，尤其是在改革的初期，如何安抚好专业指导教师，严格按照新模式进行改革和落实就显得尤为重要。

### （二）毕业综合实践报告的实施

改革对学生在一定程度上也提出了更高和更多的要求。很多同学在对比过去毕业生和他们之间的评价要求时，发现新模式会给他们提出更多的要求，评价的标准也更加严格，同时在完成毕业实践报告的过程中，还需要付出更多的时间和金钱进行设计与制作，因此学生可能出现逆反情绪或者对抗情绪，这就需要在安抚好专业教师的基础上，引导专业教师去协调学生。

### （三）评价标准需要做一定的调整

过去单一的以毕业综合实践报告的模式进行评价相对容易，而采用新的模式还需要考虑学生作品的创新性、设计与制作的难易性等方面。

## 五、小结

高职毕业综合实践报告是考核和评价高职生的最后一个重要环节，如何结合专业，提出与专业建设及专业特点更加紧密的教学模式，直接影响专业的建设、学生的技能培养等。本节通过样本专业——包装策划与设计专业推行新的毕业综合实践报告新模式的研究，明确了新的改革方案，一方面可以促使学生对三年的专业知识进行总结和提炼；另一方面，通过作品的创意与设计对专业成果的积累和宣传起到了非常重要的作用。当然在实施和落实的过程中可能还存在诸多有待完善和提高的地方，需要改革者积极探索和创新，并稳妥推行。

# 第三节　基于工作过程的校内印刷专业实训教学开发

实训教学是培养高职学生实践能力、职业能力、独立分析和解决问题能力的重要教学环节，更是实现人才方案培养目标必不可少的关键环节。积极探索如何将印刷企业实际生产经营全流程引进高职学院实训室，加强高职学生在校职业能力培养的创新型教学模式之一，对于提高高职印刷专业学生实践动手能力具有至关重要的作用。

## 一、实训体系开发原理

印刷包装专业是典型的应用型专业之一，应结合高职人才培养定位，更加强调技术、技能的培养和训练。随着高职教学体系和课程体系改革的不断深入，应加强人才培养，更加强调校企对接和岗位对接，积极探索基于工艺过程的印刷包装专业实训教学体系构建和实施。为了较好地实现校内实训体系与企业实际生产有效对接，我们认真研究了印刷包装企业实际的生产加工工艺过程（主要包括印刷信息处理、制版印刷及印后加工等三大主要环节），同时与其他辅助性环节相结合，形成了完整工艺工程，具体如图3-3所示。

## 二、课程开发基本思路

本课程设计开发的基本思路是基于工作岗位职业能力分析，根据工作过程确定工作任务，结合教学标准设计要求，实现从工作任务到学习领域教学设计的转变，基本模型如图3-4所示。具体到每一教学单元通过小组合作训练、企业工作岗位和工作任务仿真再现等设计学习情境，在教中学、学中做、做中学，以实现教、学、做一体化。

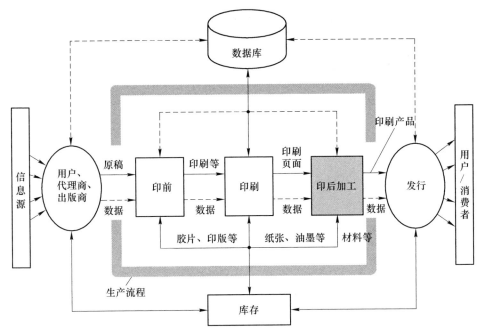

图 3-3　印刷包装企业生产工艺流程

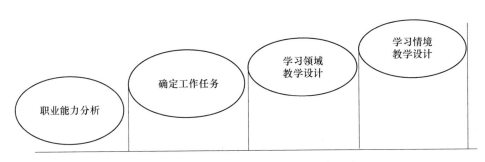

图 3-4　工学结合课程开发设计的基本思路

　　课程改革针对高职三年制的培养模式，以两年的基本理论教学为前提，强化实践教学训练环节，形成理论与实践相结合的新模式，通过仿真印刷企业生产工艺流程和设备操作的强化训练，较大提高印刷专业学生毕业前的职业技能水平。

## 三、基于工作岗位进行职业能力分析

　　职业岗位工艺流程和程序化特征突出，且对技术水平要求比较高的技术技能应用类专业，我们按照工艺流程的需要设置和排序专业主干课程（图3-5）。各主干课程设置分别与不同工艺流程阶段的技能需要相一致。

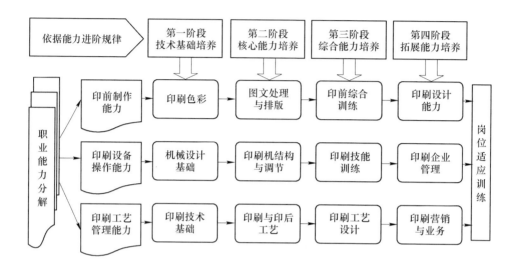

图3-5　基于印刷工艺的专业课程和能力设计

印刷综合实训课程改革重点突出三大能力模块，具体包括印刷图文设计创作能力、印刷机械操作能力、印刷工艺流程设计能力等；同时，在实训过程中还需考虑印刷材料检测、质量检测和现场管理等相关辅助能力的培养。

（一）印刷图文设计创作能力

图文制作和设计是包装印刷的第一阶段，设计效果和设计精度等直接决定了后续制版、印刷加工等工序，且最终决定了产品能否实现和质量是否合格；同时该环节也是很多印刷技术专业同学将来就业的重要岗位。

（二）印刷设备操作能力

印刷设备是完成印刷的基本要素，不同规模的企业和不同区域的高职院校配置差异巨大，由于先进的多色印刷设备投资巨大，一般高职院校很难配备，因此往往联合企业或者配置过程印刷设备。设备操作是完成印刷的第二个重要环节，通常情况下，理论理解相对容易，设备操作相对难度较大，需要反复练习。设备操作能力是印刷综合实训过程中的核心能力之一，也是将来大部分本专业学生的重点就业岗位。

（三）印刷工艺流程设计能力

印刷品生产工艺流程分析、设计和制定是印刷品生产制作的工艺基础和质量保证。实训过程中必须掌握的第一个核心内容就是熟悉常规印刷品的工艺流程，掌握流程，能够制定生产工艺。

（四）质量检测和现场管理能力

材料选用、识别、印刷品质量检测及生产现场管理等也是实训环节的重要能力培养环节。在课程设计和运作的整个环节中需要适当加强，有助于提高专业学生的职业转换能力。

## 四、根据工作过程确定工作任务

本课程教学改革是以工作过程为导向，以工作任务为核心，因此在完成职业能力分析后，需要对印刷行业和就业岗位进行分析，确定工作任务和相关内容，如图3-6所示。

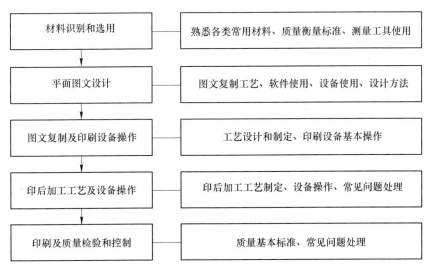

图3-6 基本工作任务及主要目标

通过对专业定位和人才培养目标及行业人才需求进行分析，本实训过程主要培养纸包装印刷品技能人才，包括材料选用、质量控制、平面图文设计、印刷复制、设备操作和后加工等。

## 五、学习领域教学内容组织与安排

### (一) 学习目标

熟悉纸包装印刷品的全部生产工艺流程和部分工序（印前、印刷、印后）的技能。

### (二) 设计总学时

176 学时。

### (三) 具体内容设计

（1）材料识别和选用。熟悉各类常用材料、质量衡量标准、测量工具使用方法。通过材料识别、质量检测和选用等多个环节的学习，可以大大提高学生对包装印刷纸制品原料的认识和掌握，为将来从事成本控制、业务销售、生产管理和质量检测等奠定基础。

（2）平面图文设计图文。复制工艺、软件使用、设备使用、设计方法。通过图文复制印刷工艺学习和常用软件的使用，使学生熟悉包装印刷品的设计和制作的基本工艺和设备，并通过对图文设计软件的使用，提高从事印前工作设计和制作的能力。

（3）图文复制及印刷设备操作。工艺设计和制定、印刷设备基本操作。

（4）印后加工工艺及设备操作。印后加工工艺制定、设备操作、常见问题处理。考虑到印后加工在生产过程中的份额逐年提高，且对产品最终质量的影响，综合实训过程中要根据实际产品的工艺进行配套讲解。

（5）印刷及质量检验和控制。质量基本标准、常见问题处理。质量控制和检验是实训过程中的最后一个环节，也是最重要的环节之一，通过对标准和实物对照检验，可以提高生产者的质量意识和工作态度。

### (四) 教学方法

主要采用现场生产式、小组研讨式、任务驱动式。

### (五) 教学媒体

教材、实训指导书、任务单、记录单、实训报告。

（六）教师执教能力要求

熟练掌握纸包装印刷品加工工艺流程及相关设备操作，能够集合教学法设计学习情境。

（七）考核方式

上机操作和制作部分作品。

## 六、学习情境的设计

结合职业能力要求和工作任务，将学习领域的教学具体内容设计成五大部分学习情境，并且对每个学习情境按教学单元分别设计3~5个子情境，见表3-2。

表3-2　学习情境及计划学时安排

| 序号 | 学习情境 | 子情境 | 学时分配 |
|---|---|---|---|
| 1 | 材料识别和选用 | 熟悉各类常用材料，包括纸张、油墨、印刷版材等；<br>熟悉常用测量工具，包括纸张性能测量仪器、油墨测量仪器等；<br>质量评价标准 | 11学时 |
| 2 | 平面图文设计图文 | 复制基本工艺流程；<br>常用软件使用，主要包括 Coreldraw、Phtoshop 等制图软件；<br>设备使用；<br>设计方法 | 44学时 |
| 3 | 印刷设备操作及工艺制定 | 工艺设计和制定；<br>印刷设备基本操作 | 88学时 |
| 4 | 印后加工工艺及设备操作 | 印后加工工艺制定；<br>设备操作；<br>常见问题处理 | 22学时 |
| 5 | 印刷及质量检验和控制 | 质量基本标准；<br>常见问题处理；<br>经验检测法 | 11学时 |
| 合　　计 | | | 176学时 |

（一）子情景设计

子情景设计应将基于工作过程实训教学方法贯穿整个实训教学环节，有机导入实际产品生产的材料选用、工艺制定、生产操作、产品检验及现场管理等众多环节，并增加必要考核手段。

以设计制作一副挂历为例，分解后的生产工艺和工序如下：

（1）学生获取配套图片（摄影风景照片、同学照片、网络下载等，需要注意图片的分辨率、大小、清晰度等基本要素）。

（2）根据图片和设计要求，选择设计软件设计排版，一般选用平面设计软件；设计过程中注意内容的新颖性和图文协调性，同时注意存储格式等基本要求。

（3）根据需要进行分色出片，并分类摆放。

（4）晒版，结合分色胶片进行晒版，晒版注意顺序和印刷进度。

（5）印刷，根据印刷色序和工艺要求进行印刷，印刷过程中需要注意套印精度和印刷效果。

（6）印后加工，结合产品选择印后加工工艺和工序，一般挂历封面需要覆膜、模切、烫金、压凹凸，内页需要上光等，最终成型需要打孔等。

（二）注意事项

（1）安全意识教育。整个实训在实训室中完成，考虑到实训过程中涉及大量设备操作，故需强化安全意识，避免发生设备和人身安全隐患；同时加强紧急事件处理。

（2）实训设备检修和维护。作为"生产式"和仿真式综合实训教学，设备操作是教学过程中一项重要的教学内容，教学过程中尽可能少出现设备故障等问题，设备提前检修和维护是必不可少的工作内容。

（3）加强实训现场管理。考虑到设备台套数和学生人数，实训时必须采用小组形式，现场管理必须严格控制，教师必须一直在岗。

（4）学生评价。评价和考核必须是实训课程的一个重要内容，实训结束必须对每一位学生进行考核，一般包括平时成绩和最后考核成绩。

实训教学是整个教学过程的一个重要环节，是理论与实践有机结合的环节之一。在实训的过程中，不仅要有任务的布置环节、有实训的操作环节，还需要有实训考核的环节。当然考核的方式可以适当地灵活，可以是传统模式的考核，可以是作品形式的考核，也可以是现场操作等方式的考核。只要能够有效地反映学生学习的情况，反映知识能力掌握的效果就可以。当然，考核的过程需要保留档案资料或过程资料。

# 第四节　凹版印刷实训教学体系构建

高职印刷包装专业凹版印刷实训教学体系构建和开展是为了更好地适应市场人才需求和提高高职印刷包装专业职业能力水平。

## 一、市场调研及分析

### (一) 行业背景

随着市场经济快速发展，特别是食品、饮料、卷烟、医药、保健品、化妆品、洗涤用品以及服装等工业的迅猛发展，对凹版印刷品的需求越来越多。在质量要求越来越高的需求形势促进下，我国凹版印刷得到了迅速发展。目前，我国各种印刷方式的市场份额已发生了明显变化：胶印占42%，凹印占22%，凸印占20%，柔性版印刷占8%，其他印刷占8%（如图3-7所示）。凹印成为仅次于平版胶印的第二大印刷分支，是包装印刷的主要印刷方式。凹版印刷在国外主要应用于三个领域：杂志、产品目录等出版印刷业，商品包装印刷业质量控制，以钞票、邮票等有价证券和装饰材料为主的特殊用途领域。凹印在杂志和产品目录印刷市场占据30%~40%的市场份额，在包装印刷市场占35%~45%，在图书印刷市场占25%。截至2012年，浙江省内共有印刷包装企业5000多家，其中涉及凹版印刷的企业占20%左右，从业人员上万人，有完善的生产加工流程，包括图文设计、雕刻制版、印刷加工等。

### (二) 人才培养现状

目前国内高职院校涉及印刷包装人才培养的院校有数十家，浙江省内高职学院开有印刷包装专业的有6所，在调研的过程中，可以明显看出，几乎清一色的以胶印人才培养为主，没有建立凹版印刷实训室和专门开设凹版印刷实训教学课题体系。

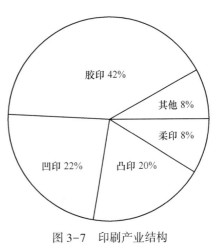

图3-7　印刷产业结构

（三）凹版印刷企业技能人才现状

以浙江省为例，数百家凹版印刷企业有技术人员近千人，较少有人员专门学习过凹版印刷，只是在校学习期间部分课程讲解过凹版印刷。

（四）调研结论

凹版印刷有较大的市场份额，同时较少有高职学院独立开设凹版印刷教学课程体系，我们认为独立开设凹版印刷教学课程体系，有针对性地开设凹版印刷实训教学很有必要。

## 二、凹版印刷实训教学体系构建

熟悉凹版印刷生产工艺。实训室建设必须结合实际生产工艺进行合理配置，构建凹版印刷实训室前必须熟悉凹版印刷生产工艺流程。

图 3-8 所示为常规凹版印刷生产工艺，大部分工序可在学校进行实训教学，只有分色制版工序一般只能在制版公司完成，主要是该工序投入非常大（至少需 500 万元），占场地等因素。随着图文设计软件的广泛应用，图文设计实训已经多样化，早已成为众多高职生的就业方向。

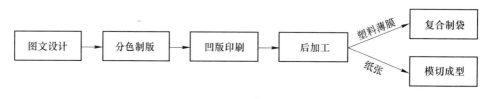

图 3-8　常规凹版印刷工艺流程

高职院校要想有效建立和推行实施凹版印刷实训教学，应该以图文设计、凹版印刷、印后复合和制袋成型等工序作为切入点进行实训建设。

## 三、构建凹版印刷实训室

凹版印刷实训室建设一般分成两大部分：第一部分是针对凹版分色制版，该部分实训建设最好采用校企合作模式进行，充分利用社会资源，同时加大校企互动合作；第二部分为校内实训，主要针对图文设计、凹版印刷和后续加工等。

（一）校外实训

凹版制版工序生产工艺较为复杂，如图 3-9 所示，生产车间占地大，有一定的劳动强度，授课时，最好邀请企业技术管理人员现场讲解。

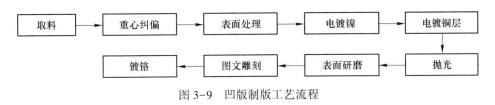

图 3-9　凹版制版工艺流程

（二）校内实训

校内实训一般是人才培养的关键，主要是以学为主，工学交替。

校内实训学校必须建立匹配的校内实训室，配置适宜的实训设备，主要从以下四个方面着手：

（1）根据实际企业的生产工艺流程和实际生产配置实训设备；

（2）设备档次贴近生产实际；

（3）设备数量满足小组式实训需要；

（4）配备够用实用的印刷材料及实训耗材。

以凹版印刷实训为例，一般需配备四色凹版印刷机、多层复合机、中封制袋机等配套器材，在条件允许的情况下应适当配置印后加工辅助设备。表 3-3 为一个班 30 人的基本配置，表 3-4 为凹版印刷机选用参考，表 3-5 为后加工设备选用参考。

**表 3-3　30 人凹版印刷实训配置**

| 序号 | 设备名称 | 数量 | 占用场地 | 单价 | 投入资金 | 备注 |
|---|---|---|---|---|---|---|
| 1 | 电脑自动套印四色凹版印刷机 | 15 人/台、1 台 | 50m²/台 | 40 万元/台 | 40 万元 | 分组实训控制投入 |
| 2 | 湿式复合机 | 15 人/台、1 台 | 30m²/台 | 20 万元/台 | 20 万元 | |
| 3 | 中封制袋机 | 30 人/台、1 台 | 50m²/台 | 30 万元/台 | 30 万元 | |
| 4 | 其他后加工设备 | | | 10 万元 | | |
| 总投资 | | 40 万元+20 万元+30 万元+10 万元=100 万元 | | | | |

表 3-4　凹版印刷机选用参考

| 常见外观 | 机构、性能及参考价格 | 场地要求 |
|---|---|---|
|  | （1）并列多色凹版印刷机，印刷色组并列排放，操作方便，油墨供应方便，易控制，占地面积大；<br>（2）自动控制程度不同，价格差异大，4~7 色国产设备一般在 20 万~200 万元之间，套印精度可达到 0.01mm | 单机生产，面积不小于 5m×12m；配套后加工，车间面积不小于 100m²；生产和实训，一般在 120m²；同时要考虑到溶剂排放环保事宜 |
|  | （1）层叠式多色凹版印刷机，印刷色组层叠设计，体积小，但要求车间有一定的高度；<br>（2）色组层叠设计，限制了色组数量，目视化效果较差，不方便教学；<br>（3）设备价格略便宜，一般多色国产设备在 50 万元以内 | 场地要求较高，单机生产，20m² 可满足；教学和实训至少 80m²；安装时要考虑到溶剂排放等环保事宜 |

表 3-5　后加工设备选用参考

| 常见外观 | 机构、性能及参考价格 | 场地要求 |
|---|---|---|
|  | 干/湿法两用高速复合机：将印后塑料薄膜和其他材料（常用的有薄膜、纸张、铝箔等）进行涂胶复合，形成多层复合材料；自动控制程度不同，价格差异大，国产设备一般在 20 万~50 万元之间 | 单机生产，面积不小于 5m×12m；配套后加工，车间面积不小于 80m²；生产和实训一般在 100m²；同时要考虑到溶剂排放等事宜 |
|  | 中封制袋封机：用于凹印复合后的卷筒薄膜中封制袋；自动控制程度不同，价格差异大，国产设备一般在 5 万~50 万元之间 | 单机生产，面积不小于 3×8m；配套后加工，车间面积不小于 50m²；生产和实训，一般在 80 m² |
|  | 立式平压平模切机：是目前国内用得最多的，也是最常见的模切机，价格便宜、操作简单、安全性高、一般生产速度在 800~1200 次/小时之间；模切面积为 920mm×660mm。自动控制程度不同，价格差异大，国产设备一般在 5 万~20 万元之间 | 单机生产，面积不小于 3m×8m；配套后加工车间面积不小于 50m²；生产和实训一般在 80m² |

### 四、凹版印刷实训开展和实施

考虑到设备利用率和实训教学的可持续性，我们提出了"生产式"教学模式，将实际生产导入实训室，控制教学成本，使得生产教学两不误。

#### （一）"生产式"实训教学基本要素

（1）实践性强的双师型指导教师是实训开展的基本保障。

（2）操作性强的实训教材是实训良好运行的有力保证。

（3）新颖教学模式是实训教学的"生力军"，可以较好地提高实训教学效果，如任务式引领式、现场生产式等。

（4）必要生产订单是生产性实训的可持续动力。

#### （二）"生产式"凹版印刷实训实施

"生产式"实训教学模式是基于"行为导向"教学理论，运用"项目教学法"的基本方法的一种新的实训教学模式。其中心思想是构建一个以完成某项实际工作任务的教学情境，使学生小组在教师的引导下进入"生产者"的角色，在完成"工作任务"的环境中，参与设计并了解实际工作的一般程序，学会运用基本理论知识解决实际问题的方法，在合作学习的氛围下掌握操作技能，形成良好的习惯，从而达到实训目的。在这样的"实际生产"的教学情境下，每个学生都自觉或不自觉地扮演着"生产者"的角色，而指导教师主要起建议、咨询和协助的作用。在这种以学生为主体、教师为主导的实训教学模式下，可以激发学生内在的学习动机，同时调动学生创造性解决问题的能力。

1. 构建生产任务应具备的原则

"凹版印刷生产式"实训工作任务目标明确，实际上就是在实训室内完成凹版印刷的全套工艺，直至印刷出成品。常见的有各类塑料包装袋、零食塑料包装等。要想通过实训完成整个生产工艺，最终生产出成品，就需要指导老师、学生共同思考、协商和解决具体的实际生产问题。故教师在设计项目时应考虑以下几个原则：

（1）该项目应具有一个轮廓清晰的任务说明，工作成果具有应用价值。

（2）能将某一教学课题的理论知识和实践技能相结合。

（3）学生有独立进行计划工作的机会，在一定时间范围内可自行组织生产。

（4）在工作中会出现一些问题和困难，但这些困难是可以运用已学知识和技能加以解决的。

2. "小组生产式"的实训教学的实施

实训可分为三个阶段和五个方面，即工作前的准备、工作任务的实施和工作后的总结三个阶段；确定任务、提供信息、制定计划、实施计划和检查评估五个方面。

（1）明确工作任务、做好准备工作。所谓"明确工作任务"，就是制定教学项目，一般高职学院开始综合性实训之前必须制定详细的实训教学大纲和实训进度计划。大纲应该明确包含本次实训的教育内涵，即教师对教学的期望。它包括以下几点：

1）知识和技能方面。熟悉多色凹版印刷机的基本结构；掌握凹版印刷机的基本操作；熟悉印刷材料的性能检测和安装；掌握印刷油墨的印刷适性调配，包括油墨色相调节、油墨黏度调配、油墨干燥性能调节等；熟悉印后复合设备操作及质量控制等。

2）能力培养方面。能力培养方面包括观察能力、思考能力、合作能力、解决问题能力和工作条理性等。教师在选定实训项目时还应考虑理论课的教学情况，并和当前生产实际相结合，在内容上应尽量涵盖本专业所需的基本技能训练，能体现本专业的一般工作程序，"工作任务"有比较明确的评估标准。在传统实训模式下，所有的准备工作由教师来完成，学生只是被动接受，不用思考。但是在"小组生产式"的实训模式下，教师首先下达工作项目给各个小组，知识和技能要点都以作业的形式下发，教师引导学生查阅资料，填写好所需理论知识、本次实训的主要工作内容等，指导学生做好工作前的相关理论和工艺的准备，培养他们理论指导实践的习惯。同时，教师还要通过演示，使学生学会操作。到此，第一阶段的教学就完成了。

（2）具体实施。在学生明确工作任务、完成一系列工作前的准备后，教师应该指导学生制定工作计划。工作计划包括操作步骤、工艺顺序和工量具的选择及使用，我们的做法是先由教师给出一个仅起参考作用的非常简单的工艺流程，包括一些工序、操作提示和要求等。它仅是完成"凹版印刷实训"某道工序的基本流程，不针对具体任务，不包括实际工作中会出现的各种各样的问题和困难，而这些需要学生自己来解决。学生工作计划应是针对本次实训的具体任务，列出完成"凹版印刷实训"的具体步骤，及完成每一步骤所需的工具，计划制定好后应和教师共同讨论。因为学生制定的工作计划肯定是不完善的，甚至是错误的。教师在对待学生的工作计划时应掌握两个度：一是不要轻易否定学生的计划，要允许学生犯错误，同时相信学生有自我反省和自我否定的能力。二是教师本身应对实训项目很熟悉，了解可能会出现的问题，在发现学生的工作计划中有较危险的步骤时应提出修改意见。在学生实习过程中，教师不再是简单的讲解、示范和指挥的作用，而是扮演建议、咨询和顾问的角色，给学生留下较大的自由发挥的余地，要允许学生犯错并尽量由学生自己发现，进而找到解决办法。只有在学生无法解决时，教师才可以以最为简洁的方法来演示，在这种时机下纠错可极大地加深学生的印象，同时也体现了学生学习的主体地位。在这种模式下对教师的综合能力提出了更高的要求，教师不但要有系统的理论知识和丰富的实践经验，还要有较高的组织能力以及良好的教育教学水平。

（3）评价考核。实训结束后，应重新让学生填写工作计划，包括改正不正确的步骤和顺序，注明实施某些步骤的注意事项等。通过重写工作计划可以让学生进行知识和技能的反思，取得事半功倍的效果。合理的实训教学方案和有效的考核方案是职业能力培养的有效保证，综合实训教学和一般实训教学应该有一定的区别，在方案设计时，应该注意以下几方面：

1）应该适当考虑学生的职业去向，适当考虑到学生的学习兴趣。

2）结合学校的设备状况，包括设备配置、数量等。

3）实训指导教师情况等。

4）企业实际生产的工艺流程。

5）劳动意识、安全意识、质量意识等多种职业意识灌输。

6）考核方案。

方案设计过程必须结合企业实际生产流程，通过接单、成本核算、工艺制定、印前图文设计、生产管理和质量控制等模块逐步推进，以真实生产的方式将职业能力培训引进实训教学；同时在实训过程必须强调"学生为主体，老师为主导"的互动式教学模式。过去很多实训教学只有实训教学过程，没有考核结果，这样学习过程缺少必要的监控和压力，效果不明显，较难引起学生对实训课的重视。如果考核机制与实训教学有机联合，必然会事半功倍。当然考核的方式可以多样化，如卷面式、上机式、现场操作式、答辩式、平时分散考核等。

## 五、小结

凹版印刷是印刷包装专业的重要内容之一，也是高职印刷包装专业学生就业的重要去向之一，高职院校应该结合自己的实际情况和市场人才需求，进行必要的课程体系和实训体系建设，培养出更加适合市场需求的高技能人才。

# 第五节　凹版印刷实训教材样本编写

为了更好地开展实训教学，高质量的编写实训教材是整个实训过程的一个核心环节。其主要原因是，实训教学和理论教学的环境存在较大的差异。理论教学一般只要在多媒体环节下就可以开展，而实训教学往往是在实训室或者在生产车间中开展教学。其次，不同单位采购的实训设备差异较大，因此结合本单位的或者是行业主流设备编写实训操作教程，其使用和教学的效果可能更好。本节以凹版印刷实训过程中最重要的一个环节——刮墨刀安装与调节为例，编写实训教材样稿。

## 一、课题要求

（1）了解凹版印刷机刮墨刀的组成结构与作用；
（2）掌握刮墨刀的安装工艺；
（3）熟练掌握刮墨刀角度和压力调节。

## 二、实训场地及仪器

凹版印刷车间现场，凹版印刷机、刮墨刀条、内六扳手工具一套。

## 三、实训指导

凹版印刷是将图文雕刻在金属滚筒上，图文部分低于空白部分，而凹陷程度又随图像的层次有深浅，图像层次越暗，其深度越深，空白部分则在同一平面上，印刷时，全版面涂布油墨后，用刮墨机械刮去平面上（即空白部分）的油墨，使油墨只保留在版面低凹的印刷部分上，再在版面上放置吸墨力强的承印物，施以较大的压力，使版面上印刷部分的油墨转移到承印物上，获得印刷品，如图 3-10 所示。因版面上印刷部分凹陷的深浅不同，所以印刷部分的油墨量就不等，印刷成品上的油墨层厚度也不一致，油墨多的部分显得颜色较浓，油墨少的部分颜色就淡，因而可使图像显得有浓淡不等的色调层次。目前，常用凹印刷版按图文形成的方式不同，可分为雕刻和腐蚀凹版两大类。

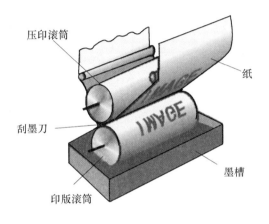

图 3-10　凹版印刷原理图

刮墨刀选用、安装与调节是凹版印刷的一个关键性环节，对油墨转移、图文复制再现和印刷效果有着决定性的影响。刮墨刀的作用就是刮去凹版金属滚筒表面多余的油墨；刮墨效果直接取决于刮墨刀刀条质量、刮墨刀刮墨角度和刮墨压力等要素。

"刮"的意思就是：在物体运动的过程中，通过外力的作用使其发生断裂。在刮墨过程中，连续运转的滚筒带动油墨随之运动，而刮墨刀的压力就是外力。

为了将油墨从金属凹版滚筒表面刮除，首先，刮墨刀必须得穿透油墨墨膜，只有刮墨刀的边缘才能够做到这一点，因此，刮墨刀与印版滚筒接触的方式十分重要，比如接触的角度、刮墨刀边缘，以及所施加的压力的大小等。

（一）刮墨刀条准备

刮墨刀条准备见表 3-6。

表 3-6  刮墨刀条准备

| | |
|---|---|
|  | （1）常用刮墨刀。刮墨刀一般以卷筒盒装为主，每盒 100m，防腐包装，印刷厂家使用时，根据印刷机型号和刮墨刀架宽度截取。截取时刀片长度比印版版长 10～20mm。<br><br>选用要求：选用片薄、强度高、韧度佳，具有优良力学性能的金属刀片。<br><br>常用宽度：10～60mm。<br><br>厚度：0.152mm、0.203mm |
| 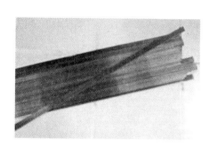 | （2）压条。左图为刮墨金属压条，裁切尺寸较刮墨刀条长 3～5cm，厚度一般在 0.5～1mm；一般金属压条有较好的弹性。凹版印刷机刮墨刀一般较薄，为了提高刮墨刀条挺度和刮墨效果，在装刮墨刀时，在刮墨刀条上方安装金属压条，增强刮墨刀条挺度，提高刮墨效果 |
| 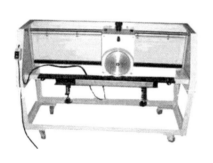 | （3）刮墨刀研磨机。刀片使用前一般需要进行研磨。目前，常见的有手工砂纸研磨和专用机械研磨（左图为专用的研磨机）。<br><br>一般选用 500～600 目水磨砂纸进行研磨，磨刀时，先用砂纸把刀背面磨成约 25°斜口，然后再对刀刃进行研磨，刀刃角度磨成 30°比较合适。磨刀应注意刀片割伤手指 |

（二）刮墨刀安装调试流程

刮墨刀安装调试流程如图 3-11 所示。

（三）刮墨刀安装

刮墨刀安装见表 3-7。

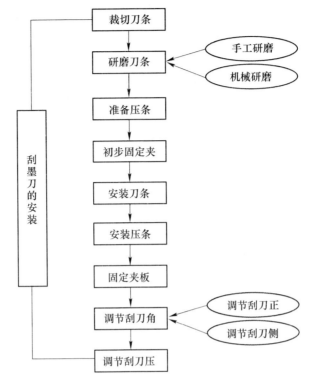

图 3-11　刮墨刀安装调试流程

**表 3-7　刮墨刀安装**

（1）印刷刮墨系统结构图。该机构由印刷装置、刮墨装置、刮墨调节装置等组成。

印刷装置：金属凹版滚筒、压印滚筒。

刮墨系统：刮墨支架、刮墨刀条、压片。

刮墨调节装置：压力调节装置、角度调节装置、左右摆动装置等

（2）刮墨刀安装。

1）装夹板。如果是第一次安装刮墨刀刀条，应除去表面的灰尘和杂物，用扳手松开表面的螺丝，松开夹板。夹板如果开始就在支架上，只需松开便于后续安装刀条，如果夹板未安装，只需初步固定螺丝，不要拧紧，方便后续安装刀条和压条

2）装刀片。将长度已经裁切好的刀片插入已经松开的夹板之间的夹缝，居中对齐，插入深度已顶到螺丝处为准，一般伸出夹板的长度在 5~8mm

3）装压条。由于刀片较薄，一般在刀片的上方安装压条，增加刀片的挺度和刮墨效果，压条和模切用的压痕线条相似，一般厚度在 0.25~0.35mm，居中安装，超出夹板 2~3mm 即可

4）锁紧固定。调整刀片和压片的位置，刀片伸出垫刀片 3~5mm，完全调整好刀片和压条后，开始固定夹板。

刀片放在压条下面，装入刀槽后再旋紧螺丝，应先从刀片的中间旋起，再逐渐往外，并且两边要轮流旋紧。

窍门：旋紧螺丝时，应经两遍或三遍完成，不能一步到位。应一边旋螺丝，一边拿着一块碎布夹紧刀片与衬片并用力向一侧拉，这样装成的刀就较平整，才能保证印版墨量均匀

### （四）刮墨刀角度和压力调节

刮墨刀角度和压力调节见表 3-8。

**表 3-8　刮墨刀角度和压力调节**

（1）刮墨刀角度和压力调节。

1）升降刮墨刀支架高度。调节支架高度，使刮墨刀的位置适中，方便刀靠近金属滚筒时，形成合适角度

2）调节刮墨刀位置。刮墨刀位置是由刮刀和压印点共同决定，刮墨刀位置就是印版滚筒上从刮墨刀接触点到压印点之间的距离。不同类型的凹版印刷机，刮墨刀的安装位置各不相同。但大多数刮墨刀安装在印版滚筒上部四分之一位置上。决定刮墨刀位置的因素有许多，比如速度（与油墨干燥速度有关），印刷速度慢，油墨干燥快，刮墨刀和压印点距离就应近一些。实践表明，刮墨刀离压印线距离越大，印品颜色过于浓深的现象较少，浅色调再现性较差。故根据印刷图像阶调再现要求，刮墨刀可以安装在比印版滚筒上部四分之一稍高一些或更低一些的位置上

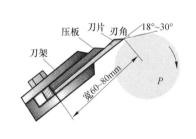

3）调节角度。不论是直线型刮墨刀还是曲线型刮墨刀，刮墨刀角度都是相同的，一般可控制在刮墨刀与印版的夹角在 60°~70°之间较合适，最佳接触角度为 60°，这个角度能够保证刮刀能够将印版滚筒表面多余的油墨刮干净。但在实际生产过程中应不拘一格，打破概念的束缚，根据实际情况调整角度，只要能保证印品质量，不影响正常生产就行

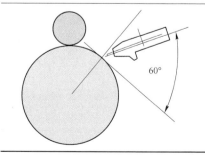

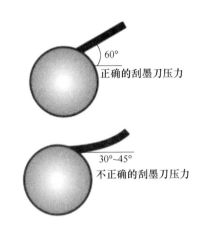

（2）刮墨刀压力调节。任何刮墨系统都需要施加一定的压力，以确保沿滚筒长度方向（径向）接触的一致性。刮墨刀压力过大，将会完全改变"接触角度"，严重的还会造成接触角度非常小，不能很好地刮干净印版滚筒上多余的油墨，需要进一步增大压力。这样一来，过大的压力会造成印版滚筒的迅速磨损，并且极大地削弱刮墨刀的刮墨作用

　　一般情况下，大印版的刮墨刀压力设定在 3kg 左右，中、小印版的压力在 2.5kg 左右（大版指的是版长超过 80cm 的印版，中、小版指的是版长小于 80cm 的印版）。调整刮刀气缸时，刮刀与印版之间要保持一定距离，启动压刀开关时，气缸才能产生作用，使刮刀在印版上运动时保持一定的弹性，有利于刮刀作业，刮刀角度调整好以后，在生产过程中尽量不要随意调整，避免因刮刀角度变化引起的印刷品颜色的变化。印刷机在工作时尽可能降低刮刀压力，以减少刮刀对印版无谓的磨损。

　　刮墨刀的左右移动。刮墨刀机构的基座一端和印版传动齿轮箱中伸出的偏心轴相连接。在运转时，整个刮墨机构左右往复运动，刮刀在印版上纵向运动时还保持横向运动，其左右运动的行程在 10~20mm 的范围内。刮墨刀的左右移动可以减少刮刀在固定一点上（图文的边缘部位）的磨损，延长了刮刀的使用寿命，减少了刀线现象的发生频率，并能够避免油墨在刮墨刀底部的聚积。

　　刮墨刀的磨损。在沿滚筒的长度方向上，图文部分对刮墨刀的磨损程度并不相同，这一点十分重要。刮墨刀的磨损主要发生在与图文区域相接触的部分，因此，在印刷不同的图像时如果仍然采用相同的刮墨刀的话，可能就无法彻底刮干净印版滚筒上多余的油墨。这样一来，就会引起条痕和脏版。为了能够刮净印版滚筒上多余的油墨，就需要增大刮墨刀的压力，但是，无论何时都应该尽量避免这种情况的发生。最好，再换一根新的刮墨刀并避免

施加较大的压力。

### 四、课后习题

（1）刮墨装置由什么组成？

（2）刮墨刀片有哪些规格的刀片？

（3）什么是刮刀角度？如何确定刮刀角度？

## 第六节　微课辨析及在现代物流包装
## 专业人才培养中的应用

"微课"全名"微型视频课程"，是网络信息时代发展起来的一种新型的数字化教学方法。微课与传统的视频教学存在较大的差异，微课不是单纯地为微型教学而设计开发的微型内容，而是运用构建主义等方法化成的、以在线学习或者移动学习为目的的实际教学内容。微课开发设计常选用简短微视频作为授课的主体方式，并借助音乐、文字或动画等媒体技术，设计时长在 5~10min 的微视频课程，为学习者传递具体的某个知识或道理等。

### 一、微课辨析

微课是现代知识膨胀时代诞生的产物，是为了更好地适应人类有限的精力和快速的生活节奏。通过资料查询可知，微课雏形是由美国北爱荷华大学 LeRoy A. McGrew 教授提出的 60 秒课程及英国纳皮尔大学 T. P. Kee 提出的一分钟演讲等发展而来。McGrew 教授认为过去的化学专业教材过于繁杂，不适合非专业学生学习，因此提出了 60 秒的简短学习课程，为广大民众普及化学常识。同时将 60 秒简短课程分为三个部分设计：概念导入部分、内容解释部分及列举生活案例应用部分，McGrew 教授还认为其他专业也可以采用类似的教育和学习方式。目前国内的微课教学模式是 2008 年由美国新墨西哥州圣胡安学院高级教学设计师 David Penrose 提出的，他还对微课的构建和实施提出了自己的设想与构思，也为近几年微课的发展与教育提供了较为可行的理论模型。

## 二、微课种类和组成

微课设计与实施的核心是微视频，即教学视频片段，该视频包含与教学视频内容相关的教学设计、教学课件、练习测试题、教学反思等辅助性教与学内容，以方便学习者更加有效地掌握学习内容，实现和课堂学习相近的效果。

### （一）常见微课类型

由于设计者教学目的差异，微课开发的类型也有较大的差异。一般分为五大类，即讲授型、解题型、答疑型、实验型及其他类型微课。微课类型不同，设计风格差异较大，当然最后实施效果也不尽相同。具体到职业教育和高技能人才培养上，专业教师更多地会选择实验型或者操作性强的内容设计开发微课，这样可以更好地突出职业技能特点，实现理论与实践相结合，提高学习效果，甚至有时候可以弥补学校实训资源不足等缺陷。

### （二）微课组成

1. 微视频

微视频是微课设计开发的核心内容和表现方式，与传统视频教学相比较，课程更加短小精悍，时长一般不超过 10 分钟，设计过程中有较强的针对性，目标明确，部分往往以系列知识点进行设计开发。

2. 辅助资料

设计过程中除了课程内容外，往往还涵盖了学习辅助资料，包括微教案、微课件、微反思、微习题等，其目的是为了更好地辅助学习者掌握主题知识。

（1）微教案。指在微课教学活动的简要设计和课程说明。

（2）微课件。指在微课教学过程中用到的多媒体教学课件等。

（3）微反思。指执教者在微课教学活动之后的体会、反思及改进措施等。

（4）微习题。指根据微课教学内容进行设计的练习测试题目等。

## 三、微课在现代物流包装专业的应用

### (一) 微课构建流程

为了更好地结合物流包装专业职业教育人才培养特点和知识结构，专业团队在构建及实施微课教学的过程中，往往选择实验操作型的知识点进行设计和开展微课。设计构思基本思路如图 3-12 所示，涵盖了设计初衷、教学目标、学情分析、内容分析、微视频设计与制作等。

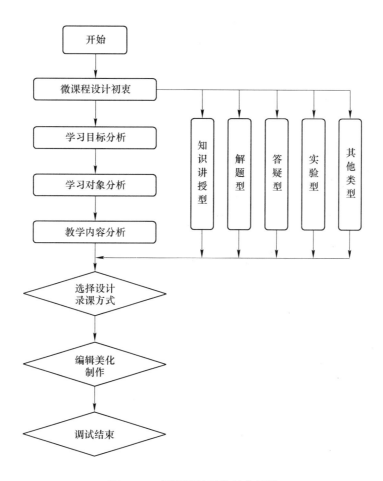

图 3-12　微课设计开发基本思路

(二) 案例应用

1. 结合专业选题

为了更好地结合专业，体现高技能人才培养，选择了物流运输包装箱设计章节进行设计考核和评价。本节重点介绍物流运输包装用瓦楞纸箱的尺寸设计，包括瓦楞纸箱内尺寸、外尺寸和制造尺寸的概念认识，其次是三大尺寸在实际生产中的相互转换，最后是具体按客户要求进行设计应用。

2. 微课构建与开发

（1）配置必须的开发软件和拍摄工具。我们选择了专业的图形图像处理软件及视频处理软件，包括图形图像处理软件 Coreldraw、Photoshop、视频处理软件 Mind manager 2012 及视频拍摄相机等。

（2）为了通过简短的视频完成授课内容，实现教学目标，团队分别对教学目标、授课对象、主要内容等进行了分析、分解和定位，设计开发了具体微教案、微课件及微习题等。

首先，团队对学习状况和授课目标进行了分析，充分考虑到学习对象是职业学院的在校学生，故开发本次微课的目的是提升和改善课堂学习不足，通过短时间的微课学习弥补课堂学习不足和巩固教学内容。

其次，授课内容分解和设计微教案，编写脚本。这部分是整个微课开发的基础，也是关键，部分细节见表3-9。

表3-9 部分细节脚本编写

| 时间 | 内容 | 实现动作 | 特殊配音或特殊效果 |
|---|---|---|---|
| 00: 00~00: 20 | 本节主要内容的导入，选择经典物流包装集装箱案例或者生产事故，导入包装箱尺寸设计的重要性 | PPT 演示、短视频质量事故等 | |
| 00: 21~02: 00 | 重点介绍三大尺寸的基本内容和测量方法 | 实物演示测量过程及注意事项 | |
| 02: 01~03: 30 | 通过实例，完成实际产品的三大尺寸的转换和计算等 | | |
| ⋮ | ⋮ | ⋮ | |
| 04: 40~05: 00 | 最后选用实际生产案例布置与包装容器尺寸相关的习题 | 实例转换和作业布置等 | |

最后，选择形象较好的团队骨干进行多次练习后，完成微课讲授和拍摄。

3. 微课实施与开展

微课作为常规教学的补充，可以让学生在课内外通过短时间的学习和作业等，实现与课堂教学相近的效果。专业教师在选用微课教学时，可以采用以下常见的两种方式进行应用。其一，专业教师可以选用与实践课相关的微课作为实践教学的课程导入，通过简短视频的学习和作业等，让同学对本次课程的核心内容有全面了解，同时通过作业的批改，可以让同学知道本节的主要知识点。其二，可以建立局域网，将系列微课作为专业的教学资源库，为专业同学提供相应的平台用户账号后，要求同学课后时间学习微课和完成相关的作业，这样可以加强对课堂学习内容的巩固和总结。

### 四、微课制作效果评价与改进

为了更好地设计开发微课及提升学习效果，设计开发人员应重点加强内容选题、主题设计、微视频开发等，以提升学习效果。

首先，设计者应明确微课与传统视频教学的差异，选择合适内容开发设计。其次，设计者需要进行学情分析，包括学习对象的层次、能力、年龄等属性，这样可以明确定位，提升学习效果。再次，微课情节设计应尽可能增加内容的趣味性、艺术性和互动环节，提升学习者的参与性和体验性。最后，还需提升微视频设计与制作效果，尽可能由专业制作者制作，否则会影响视觉效果和学习效果，如果是参赛的微课，还需要加强片头、片尾的设计等。

### 五、小结

微课是数字媒体和网络时代诞生的一种新的学习方式，其应用仍处于初级阶段，有待更多的专家、学者和教科研人员的参与和推广。但我们有理由相信，随着微课优点的不断显现，会有越来越多的人员参与和开发，也会有更多的人学习微课，获取知识。

## 第七节　创新创业教育与案例分析

近年来，我国经济发展和产业结构不断调整，社会可提供的岗位越来越少，而高职高专院校的发展规模不断扩大，导致毕业生就业难的问题凸显。因此，要求高职毕业生相对于本科毕业生而言，不仅要具有较强的动手能力，而且还要具有创新精神和应变能力，即应大力推进创新创业教育，把创新、创业意识的培养融入学生的素质教育中，以创业来带动就业，这是目前各高职院校将创业教育纳入课程教学的主要原因。目前，大学生创新创业逐渐成为高职高专毕业生就业的一种选择形式，并且能够很好地帮助大学生实现自我人生价值，因此，研究高职学生创新创业问题显得尤为重要。

创新创业教育整合了创新教育、创业教育、素质教育、职业教育等多种教育理念，是一种全新的教育理念，它是一种创造新的职业工作岗位的教育实践活动，是真正解决当代大学生走上自谋职业、灵活就业、自主创业之路的教育改革实践活动。应从教育理念上，让学生们深刻理解创新创业素质的基本内涵与价值取向，帮助他们树立创新精神与创业意识；从知识技能上，要讲清国家、地区的扶持政策，帮助他们了解掌握创新创业的基本知识、技能和方法，以提高综合素质；在实施的教育层面上，必须与原有专业教育相结合，在第一课堂渗透创新创业教育，在第二课堂积极开展相关方面的教育。

## 一、我国高职院校创新创业教育发展的现状

从本质上而言，高职院校的创新创业教育与本科院校存在差异，高职院校的创新创业教育是基于职业特性模式，以培养学生创新意识、创新能力、创新精神、创新思维等为主要目的的教育。伴随着高等职业教育的发展，近些年高职院校以就业为导向，鼓励、支持和组织大学生参与创新创业活动，以专业能力与创新创业结合作为人才培养的目标，取得了一定的成效。但通过调查分析，不管从发展规模还是创新内容上讲，我国高职院校学生自主创新创业的现状都还不尽如人意，创新创业教育仍存在很多不足。

（一）创新创业教育的学科定位模糊

目前，很多高职院校对大学生创新创业教育的目标定位不够清晰，创新创业教育观念落后，对其重要性和必要性认识不足。大学生创业教育的"功利主义价值倾向"较为普遍。大学生创业教育被当成是企业家速成的教育，没有把创新创业能力，即开创性和创造力的培养看成高职教育主流教育体系中的一个部分，在教学管理方面更没有给予充分的重视。

（二）创新创业教育态度冷热不匀

虽然创新创业教育正在高职教育中轰轰烈烈开展，但让人明显感到的是，在学校领导、教师和学生三者的相关体中，学校领导的热和教师及学生的"冷"形成了鲜明的对照。一些学校领导高度重视创新创业教育，但是教师和学生却苦于难以找到创新创业教育切入点，加上部分创新创业教育结果的不理想，使得创新创业教育成为一项"形象工程"和"面子工程"，学生成为"被创新创业"的群体，"深入开展创新创业教育"成为一种口号。

（三）创新创业教育受到第二课堂论的影响

目前各高职院校的创业教育主要局限于操作层面和技能层面，从而导致创业教育与专业教育和基础知识学习的脱节。现在也有很多高职院校在创业教育中增加理论学习的内容，但往往是独立设置一门创造学课或创新课，其着眼点仍然是创业的技巧和技能，与专业学习没有直接关系，结果，创业教育成了与专业教育脱节的第二课堂。这种认识和实践容易忽略创新能力和创业能力的深层基础，容易把创新与创业转化为单纯的技巧与操作。但高职创业教育是一种多层次的教育，不应只定位于开展第二课堂的创业实践活动，而是要能充分体现第一课堂课程教学和第二课堂的创业实践活动的有机整合，这样才能达到全面提高学生创新创业整体素质的教育目标。

（四）创新创业教育师资缺乏

高素质的创业人才离不开高素质的创业教育师资。目前各地方普通高校创业教育专职教师较少，而且大多数缺乏企业实践经验，更是缺乏创业经历，在课堂上讲的案例也多是来自网络或学术刊物。高职院校内的大多数创业教育教师属于兼职教师，不仅要承担所在高校大学生教学任务，还要兼职承担创业教育学生教学任务，使得部分创业教育教师产生角色冲突，无法集中精力在培养创业型人才的角色中思考，使得创业型人才培养大打折扣。总的来说，目前高职院校的创新创业教育导师队伍存在一些不容忽视的问题：（1）导师结构不合理。在高职院校中普遍存在"三缺少"现象，即导师队伍主要来自思政教师的改行，对企业运作套路知之甚少，缺少来自企业的导师；缺少具有实践能力的专业课教师参与；导师缺少专业方向；（2）教师创新创业素质亟待提高。这些导师除了自身没有创新创业实践经验外，还对创新创业认识比较肤浅，将创新创业与开店铺直接挂钩，认为能够赚钱就是创新创业，使得创新创业项目缺乏可持续性。

（五）创新创业形式单一

通过调研发现，一些高职院校的创新创业教育形式过于单一，创业领域狭窄，大部分创业项目只是停留在商业买卖活动等领域，并没有结合学生专业特长，发挥他们的创新智慧，从而达到创业目的。此外，创新创业项目技术含量比较低是另一个特点，这种创业项目存在着项目简单易复制、易导致"恶性竞争"的缺陷，浪费了学校和社会资源。

（六）创新创业教育缺乏实践环节

目前很多高职院校开展创新创业教育，主要停留在创业竞赛、创业报告的指导上，很难全面提高学生的创新创业综合素质。而创业报告在一定程度上是表面化、情绪化的教育，缺乏持续性的作用，往往是效果来得快，去得也快。创新创业实践是创业教育的重要内容，也是提高创新创业教育实效的基本途径，因此，创新创业教育不能仅仅停留在课堂上教授和比赛这种浅层形式上，例如，一种社团或沙龙的组织与管理、一次公共活动的设计与组织、一种刊物或报纸的构思与设计、一种解决问题的方法或路径设计、一种新观点的提出等，都可以是创新创业教育和创业实践的重要内容。

（七）创新创业教育辐射度和受益面不够

目前，创新创业教育仅有少部分学生受益，没有形成大学生创业教育的大氛围。我国创新创业教育开始于创业大赛，竞赛毕竟是少数人参加的活动，大部分学生只能是袖手旁观当看客，多数学生因各种条件的限制，远离了创业精神的熏陶和创业意识逐步形成的小环境。

（八）课堂体系化程度及教学内容和方法有待改进

在国外，一些高校已经开发出一些很受学生欢迎的创新创业教育方面的教材，并形成了比较成熟的教学手段和教学评估标准，但在我国这方面几乎还是空白的，集创新理念、创新实践和创业能力为主要内容的教材尚处于开发阶段，已有的教材也只是理论层面的阐述，既缺少可模仿的创业成功案例，也缺少创新创业过程中的风险提示，对创业失败案例剖析也只是泛泛而谈，这种教材层面的缺失使高职教育中创新创业教育的深入开展遇到了"瓶颈"。此外，对教材体系而言，更是缺乏针对某一领域的创新创业教材。在教学方式上，实践教学比较欠缺，例如有些学校虽然开设了创新创业教育课程，但是仅仅局限于课堂之内理论的教授，缺乏对于创新创业实践环节的指导；在教学内容上，由于缺乏统一的教学大纲，也经常因师而异，即同样一门课程，不同的教师讲授的内容差别较大；此外课程的开设往往与学校所在区域有关，如靠近高新技术区的学校就倾向于开设高新技术方面的课程。

## 二、高职院校创新创业教育发展对策

在如此严峻的形势下，我们需要充分认识到创新创业教育的重要性，正确理解创新创业教育的内涵和现实重要性，积极在校园内构建和营造浓厚的创新创业文化氛围，采用一些方式发展高职院校的创新创业教育。

### （一）开展创新创业精神教育

创新创业精神不仅是创业者的必备素质，而且是构建创新创业型社会的重要因素，高职院校应摒弃把高职生打造成速成企业家的教育观念，重视学生创新创业精神的培养，大力开展创新创业精神教育，培养学生不怕失败、敢想敢干、敢为天下先的精神，把创新创业教育始终贯穿于教育、教学和技能培训之中。特别是在职业生涯规划上要立足高职生自身特点，培育学生独有的创新精神、创业能力和创业素质，从而培养社会经济建设所需的综合素质和能力较强的大学生。

### （二）构建创新创业教育课程体系

创新创业教育课程体系应以创新精神、创业知识、创业能力和素质为主要内容组成，改革传统的教学模式，增设渗透创业教育内容的教育课程，并加大对创新创业课程的设置，将创新创业教育与专业教育课程相结合，将其纳入高职学生人才培养方案，对专业课程中的创新创业教学资源最大限度进行挖掘。同时，要将就业指导与职业生涯规划有机地融入创新创业教育之中，对高职院校的学生从入学开始就开设创新创业的必修课和选修课，建设创新创业教育的课程群。在课外开展各类创新创业知识讲座、创新沙龙、创业论坛，举办各种科技竞赛和创业大赛等，通过丰富多彩的形式实施创业教育课程，以拓宽学生视野，增加学生的知识储备，增强学生的创业体验，使他们能更好地掌握创新创业知识和创业技能；同时完善对创新创业教育的课程考核制度，通过模拟训练、实战演练对学生成绩进行认定。

### （三）工学结合模式下发展创新创业教育

21 世纪的竞争归根到底是创新知识的竞争，是创新人才的竞争。这就要求教育模式应向创新创业教育转变，重视学生潜能开发，培养学生的创新意识。工学结合人才培养模式是指职业院校和相关企业或行业共同培育人才，进行优势互补的合作，将学校的教育资源和企业的各种资源整合，以培养适合企业或行业需要的应用型人才。工学结合模式是目前高职院校大力倡导的发展模式，也取得了一定的成效，对高职学生的创新、创业能力的培养起到了重要的推动作用。

完善的课程体系是工学结合模式下人才培养方案的主要内容，是创新创业型人才培养目标能否得以实现的关键。在课程的开发上，必须以职业素质的养成为基础，以综合能力为本位，以培养学生的创业、创新精神和实践能力为重点。具体而言，可以借鉴国外先进教学经验及理念，打破学科体系，确立以能力为本的教育思想，增强学生的动手能力及社会实践能力。

高职院校的课程内容应具有更多的职业性，构建以职业实践为主线的工学结合的课程体系，它是以工作任务为核心，以完成工作任务为学习形式，充分利用学校、企业、社会培训部门、科研机构的教育资源，动员社会各个部门广泛参与，把以课堂传授间接知识为主的学科教育体系转变为以工作过程导向为主的工作过程系统化的课程体系。

### （四）创新工作室模式下发展创新创业教育

高职院校可以通过模拟创业实践点燃学生的创业激情。创办由专业教师为指导，学生主要参与的创新工作室，学生通过这种模式可以边学边用，以用促学，学以致用。

创新工作室是理论与实践相结合的教学单位，重视实践能力的培养，是一种新型的实践教学模式。其特点是以较多的社会项目代替部分专业课程的实践作业，使设计作业自然转化为产品设计，因此，在培养学生实践能力与创新素质方面与创新创业教育有着天然的契合。可以通过商业化的运作，使创新工作室从专业教学基地跨越为创新创业型人才的培养基地。

1. 商业化运作创新工作室的意义

（1）创新了创业实践的模式。基于学生创新工作室的创业模式克服了传统创业实践模式的弊端，将不可避免地成为受欢迎的创新创业实践模式。1）创新工作室采用专业教学的形式，因此从创新工作室升格来的创业公司与专业紧密结合；2）创新工作室参与人数众多，成立公司后，成员将被分配到各个岗位进行锻炼；3）创新工作室的设备等硬件投入成本与创业指导等软性投入成本基本由学校负担，对创业者来说，风险很小，容易被接受；4）创新工作室以项目为导向，真刀实枪，让学生在全真的环境中体验创业的风风雨雨，效果是虚拟创业和模拟创业不可比拟的。

（2）深化了专业教学的实效。创新工作室在进行商业化运作后，不仅不会削弱原有的教学功能，反而会起到进一步的加强作用，在全真的创业环境下，教学显得更加有现实性，学生的学习热情也会提高，课堂效果将有质的飞跃，这个意义上的创新工作室既是教室，也是实训室，更是实习就业基地。在学校投入几乎所有创业成本的前提下，学生们可放开手脚、大胆操作，在真实的环境中体验创业，将课堂所学运用到实际，反过来促进对理论课堂上专业知识的理解。

（3）增强了创业教师的使命。创新工作室实行创业导师与专业老师双导师负责制。专业老师领导工作室的教学、科研、管理工作；创业导师负责公司化改制与项目运营等工作。两位导师的学术思想、教学理念潜移默化地传达给每一位教师，教师又在教学中不断充实、推广、完善，使整个学科体系得到巩固和强化，集体的凝聚力和团队精神高度统一。

（4）调动了学生的学习动力。商业化运作后的创新工作室在形式上与社会公司并无区别，学生在其中的学习过程也是工作的过程，并且商业化运作转变他们的身份：1）从物质回报上看，从原来的无薪学员到现在的有薪员工，学生们的积极性得到了很大的提升；2）从能力提升上看，商业化后的工作室对学生沟通能力、领导能力、心理适应力等可迁移技能要求明显提升，迫使学生努力提升；3）从生涯发展角度看，商业化运作后的工作室里工作的学生明显在心理上有一种优越感，他们已然将自己视作职场之人，早早地与市场接触，对激发他们的职业生涯规划意识和完成职场认知都有着不可替代的重要性。从以上三个方面的获益回报看，学生们的学习动力极大地得到了提高。

2. 商业化运作创新工作室的路径

对于商业化运作创新工作室的路径可以从以下几个方面着手。

（1）采用"双导师制"作为商业化运作的管理基础。商业化运作后的学生创新工作室是教学实训平台，也是独立法人的企业实体；既是经营着的企业，也是学校的教学平台。工作室对外是一个经济实体，承担服务社会的责任，对内肩负人才培养的任务，承担教书育人的责任。这种特殊的情况决定原来的工作室管理模式已经无法适应新的需求，单一的导师无法完成新的导师功能和任务。解决这一困境的有效手段是设置"双导师"：课程导师与技术导师。课程导师负责针对学生实际情况制定课程大纲和教学实施方案，对课程进行讲解和调整节奏；工作室导师负责具体项目运营的指导和项目实施的过程监控。商业化运作后的工作室不仅可使教学环节的专业设置和课程体系更具应用性和针对性，更重要的是，商业化下的项目制可给学生提供多种实习、实训的真实环境与内容，接触更多的公司企业，增加学生根据自己的喜好、特长进行选择的机会和可能，帮助学生较快地找到自己发展的潜力所在，较快地激发起他们的学习热情和主动性，有意识地按一种理想的人格模型发展自己。

（2）以"订单项目制"作为商业化运作的核心内容。商业化运作学生创业工作室的核心是对原有的实训内容进行教学形式上的创新。原来的内容可能是一个导师的研究项目或者科研课题，现在改成企业的直接"订单项目"，师生共同为实施一个"订单项目"工作进行教学活动，项目本身以客户的一个个订单进行教学活动。在工作室进入环节，导师就应根据学生的不同兴趣和特长，按照企业用人规律进行面试，并依据项目特点竞争上岗（与社会企业不同的是，商业化运作后的创新工作室还承担着教学的功能，其内部岗位轮换会十分频繁，目的是让学生进行岗位认知，帮助他们做好选择，从而促进其职业生涯发展）。在实际的教学过程中，学生全程参与从订单开发到订单完成的全部过程。项目导师从头到尾仅仅作为项目指导者进行观察和关键环节的指导纠正。

（3）以"现代企业制"作为商业化运作的有利保障。商业化运作后的工作室应采取现代企业制度作为有力的保障。现在企业制度是指以市场经济为基础，以完善的企业法人制度为主体，以有限责任制度为核心，以公司企业为主要形式，以产权清晰、权责明确、政企分开、管理科学为条件的新型企业制度。在此基础上，需要建立规范的管理制度、健全的沟通制度、优良的企业文化以及客观的评价机制。

1）建立规范的管理制度。商业化运作后的工作室应科学分工，根据项目要求合理设置岗位，明确各个岗位的职责要求，把传统教学中对专业知识、职业技能和职业素质的要求纳入岗位制度之中、落实在岗位工作过程之中，使学生的职业素养、专业素质和职业技能的培养与工作过程同步，以此实现企业管理与教学管理的兼容，最终实现培育优良的职业素质。

2）建立健全的沟通制度。导师在实施订单项目时应根据完成订单项目的实际需要进行有针对性的会议布置和不同范围的沟通，学生结合工作实际进行信息收集、交流，并且根据客户意见进行信息反馈。当订单项目完成时，导师结合工作成效带领学生回顾工作过程，进行信息整合，并且认真追踪市场反响，进行信息矫正，这种机制把产品研发过程与研究性学习过程有效地兼容起来，从而增强了教学的针对性。

3）建立优良的企业文化。商业化运作后的工作室要通过物质文化、环境文化、行为文化、制度文化、技术文化等文化系统，培育浓郁的创新文化特质、氛围和育人环境。充分体现以人为本的理念，把尊重人的个性、关注人的价值、激发人的潜能作为企业文化建设的立足点；加强企业和员工的融合，形成"积极进取、团结向上、齐心协力、共同作为"的良好工作室企业文化环境。

4）建立客观的评价机制。商业化运作后的工作室内的成员的工作成效不仅仅由内部机构进行评判，而是结合客户等第三方进行评价，在市场中展现其价值，由市场给予客观定位。其评价形式除给予教学评分外，还应通过市场价值的实现以及企业精神奖励和物质奖励等形式表现出来。这种客观机制可有效地实现市场评价、社会评价与教学评价的兼容，引导学生适应社会发展的客观需要。

（五）充分利用社会资源发展创新创业教育

高职院校在发展创新创业教育时，难免会受到教育资源的局限，因此，必须坚持开放办学的原则，积极争取社会优质资源，利用社会资源协同搭建创新创业教育平台。注重采用"合作教育"以促进教学活动与行业企业生产实际相结合，探索社会企业介入学生创新社团发展，企业介入学生科技竞赛的创新创业实践训练的新机制。学校以优质学生创新社团为平台推进校企合作，引导支持学生社团通过介入企业培训、聘请企业高管或资深专家作社团指导老师，接受企业管理实践、市场营销或企业文化的课程培训，接触课堂和书本以外的生产或商业实战知识和技能；企业通过向学生传授商业实战知识和技能，在社团中培育和物色精英，将企业的一些项目或研究交由优秀学生团队来完成，实现社团、企业的深度合作。将科技竞赛项目和大学生创业教育相联系，以全国大学生挑战杯大赛、创业计划竞赛等重要赛事为平台，主动寻求与相关行业企业、科研院所的合作，鼓励行业企业将自身科技需求信息以项目形式传递给学校参赛团队，参赛团队在行业企业需求的基础上结合自身专长投入创新研究，在项目研究过程中企业与学校通过良好的沟通与协作，使企业利用高校人才、实验设备，学生利用企业最真实的实践场所反复验证项目的可行性。如果项目成型，其对企的经济价值不言而喻，高校学生也在整个竞赛过程中提升自身的创新能力。要充分利用社会资源，聘请创业成功人士、投资专家、管理专家等优秀毕业生做兼职教师，定期地到学校作报告，介绍各种类型的创业经验与教训，为大学生创业提供指导、借鉴。

高职院校还应该积极地走出去，主动联系各级政府、社会服务机构和个人，一是争取政府支持，建设与市场经济相适应的创新创业培训和支持系统，为有创新创业潜力的大学生建立社会化的创新创业教育网络，包括创新创业培训、服务、扶持平台，弥补校内创新创业教育力量和资金的不足；努力优化大学生创新创业相关政策法律与商业环境，包括金融支持、政府政策、政府项目、商务环境、知识产权保护和文化与社会规范等。二是积极取得部分社会机构的资金支持，主要是风险投资机构对大学生创新创业项目的关注和扶持。三是努力获得校友、非校友等创新创业成功人士的个人支持，或捐赠资金，或指导高校创新创业教育教学和实践。

### 三、个性条幅工作室创新案例

针对当前就业形势，在大学生中开展创新创业，对于大学生树立正确的职业理想和择业观念，开发创新思维，提高综合素质和实践能力，积极参与社会竞争，具有很强的现实意义。通过本项目的实施，还可以为本校家庭贫困的学生提供勤工俭学的工作岗位，为学生带来一定的经济收入；同时，加强学生与社会的紧密联系，在提高学生自身能力的同时提高学校的知名度，推动品牌高校的建设。

（一）创办背景与市场分析

（1）创办背景。条幅作为主要宣传方式之一，应用广泛。目前市场上以传统条幅为主，但其样式较单一，缺乏个性化，宣传效果不够理想。随着经济的发展、人们生活水平的提高，个性条幅已成为现代人生活中一种体现自我的方式。个性条幅是在传统条幅的基础上通过新颖的标语、精美的平面设计和精良的印刷效果来增强条幅的宣传效果。当前，我国个性化条幅市场尚未成熟，制作公司相对较少，制作方式以喷绘、写真为主，且成本较高、价格昂贵，只能被少数顾客接受。针对这些现状，我们首先利用现有的资源（实验设备、实验场地），通过创新设计和工艺改进，制作出符合宣传主题的个性条幅，具有样式丰富、环保、成本较低、价位适中等优点。通过本项目的实施，还为各专业的学生提供了一个学习、交流、互动的平台，丰富了学生的社会实践经验，增强了学生的专业技能和创新能力，使学生各方面得到锻炼，同时为学生带来一定的经济收入。

（2）市场经济分析。为了能够较好地开展个性条幅工作室，一方面要做好市场前景的分析，另一方面要做好市场经济效益分析，这样才有可能获得成效。

1）设备投入分析。要做好调研，了解完成个性条幅的设计与加工，需要购置哪些设备，具体的投入大概是多少。

2）场地分析。完成工作室的开办和实际的生产，必须做好工作室有效场地面积的设计与布置，确保后续的工作实施。

3）原辅材料的采购分析。开展工作室，正常营业接单，必须采购足够的原辅材料，因此必须做好充分的市场调研，有效地了解采购的渠道、价格及库存量等。

4）充分了解营业接单和汇款等全部流程。

5）筹集一定的资金和人力资源。

（二）项目创办基础

（1）国家政策。党的十七大提出"提高自主创新能力，建设创新型国家"和"促进以创业带动就业"的发展战略。大学生是最具创新、创业潜力的群体之一。在高等学校开展创新创业教育，积极鼓励高校学生自主创业，是教育系统深入学习实践科学发展观，服务于创新型国家建设的重大战略举措；是深化高等教育教学改革，培养学生创新精神和实践能力的重要途径；是落实以创业带动就业，促进高校毕业生充分就业的重要措施。

（2）校方支持和必要的经费扶持。当然，我们之所以能拥有这样一个锻炼自己的机会与展示自我的平台，主要归功于学校的大力支持，为我们自主创业提供了良好的平台；并且，学校里拥有整套条幅生产设备，包括高配置的电脑、高档四色印刷机，切割打样机、缝纫机等，为我们的工作提供了一个优异的环境。

（3）优秀的指导老师。优秀的实践性强的指导老师是大学生在校创业成功的一个关键因素，只有这样才能较好地解决实际操作过程中遇到一系列的问题，才能较好地全面指导和协调。

（三）创业过程中遇到的困难与解决办法

在接近半年的创业过程中，虽然目前工作室总体运转情况良好，但其形势依旧比较严峻，存在的问题很多，主要包括以下几点：

（1）目前温州市印刷行业发展已经相当成熟，所以竞争非常激烈。因此，我们打破横幅的传统制作模式，通过创作设计符合客户要求且具有个性化的作品来培养核心客户群，拓展业务空间。

（2）竞争压力大，创业要有激情、要有拼劲，同时要有一定的风险意识。目前市场上的普通条幅样式较单一，缺乏个性化，宣传效果不理想，导致业务量降低，利润减少。因此，我们利用现有的资源，结合顾客的要求，通过添加图文、变化字体、调配色彩等方法，来设计制作更贴近宣传主题的条幅，增加宣传效果，促进业务量上升，利润增加。

（3）缺乏经验。缺乏从职业角度整合资源、实施管理的能力。这应该也是每一个在校大学生必然面对的问题，也是大学生创业成功率低的主要原因。因此，我们从不"纸上谈兵"，哪怕是从很小的一笔生意开始，也要亲自去尝试一下。当然，前提是我们要明确知道，即使失败了，也不会直接影响我们的学业，同时经济上我们也是承受得起或者是由第三方给予保障的，我们采用通过与多家厂商合作的方式来降低其风险，这样可以降低由于某家厂商提供产品质量不符要求或是合作等方面出现问题而使整个公司瘫痪的风险。在这个过程中我们学会了利用自己周围的资源，向有创业经验的老师和学长请教，以求他们作为军师来给我们把关，从而降低我们的风险系数。

（4）心态不够沉稳。大学生创业初始，有一个重要的心态关：一定要以平常心对待，不求财富满罐，但求事业有成！当然这里我所说的平常心对待是指：首先，我失败了、损失了，我的学业也不会因此而影响，我的经济也是负担得起。其次，成功了我也不会因此而暴富，也不会因此而情绪膨胀，只不过我多了一种零花钱的来源而已，最重要的是我拥有了成功的经验；但求事业有成指的是：虽然损失对我来说微忽其微，但我更加珍惜、更加在乎这件事情的成败，因为成功相对于失败来说，即使再小，那也是成功。所以，我一定要认真、认真、再认真！

除了有好的心态以外，还不能视野狭窄、过于自负，应虚心接受别人的意见，并敢于直面挫折和失败，时刻保持创业激情，这也是我们大学生突破创业瓶颈不可忽视的精神力量。

（四）创业感受和总结

作为一个已在创业实践道路上走过近半年的人，我感受颇深，创业难，创好业更难。除了创业机遇对于创业者来说是极其重要的外，创业者自身的素质和综合能力也是极其重要的，它直接关系并决定创业的最终结果，支配着整个创业过程能否向着预期目标驶近，是整个创业过程的动力源泉，因此作为一个有志创业的人，必须先拿到自己给自己的创业资格证书，方可在现实条件允许和成熟的基础上一展自己的创业梦想和才华。因此，在创业过程中，个人能力和综合素质发挥着重要作用。创业需要个人的综合素质，同时也需要一定的思维高度与坚定的信念和决心。创业之路注定不平坦、崎岖坎坷。每一个创业者都必须要有对理想的坚定执着和对创业的坚定决心，才能够克服在创业过程中的种种变故与风险，坚定继续创业之路。如果一个创业者没有这样的精神高度，首先无法在心理上战胜自己，就更不可能在一次次挫折与失败中不断挺身奋进、不屈不挠。创业需要一种精神的支撑和牵引，让你无所畏惧，为理想而翻山越岭、赴汤蹈火，创业者需要这样一种精神。与此同时，创业者必须要具备一定的思维高度，通过这种高度的思维，创业者可以通过各种以实际为基础的动向来变换自己的策略，并通过对区域同行业者经营动态的整合分析，来调整自己的经营战略，形成一个对自己较为合乎实际的优势规划，使自己始终处在一个相对平稳的发展状态。思维高度，直接服务于创业实践的每一个过程，直接影响创业的发展壮大，关系到创业的成败与否。

## 四、小结

随着"大众创业、万众创新"时代的到来，高职院校的人才培养模式也必须加大对创新创业教育的改革。当前，部分高职院校对办学理念、办学模式进行了调整，加大了对就业创业教育的重视，但还存在着一定的差距。

总而言之，高职院校开展创新创业教育要把培育大学生创新创业精神提高到办学宗旨和可持续发展的高度，面向全体学生，结合专业教育，将创新创业教育融入人才培养全过程。要以转变教育思想、更新教育观念为先导，以提升学生的社会责任感、创新精神、创业意识和创业能力为核心，以改革人才培养模式和课程体系为重点，立足专业教育实际，通过专业教育教学改革，大力推进高职院校创新创业教育工作，不断提高人才培养质量。要统筹高职院校资源，加大与社会企业联系，制定符合高职院校实际的创新创业教育教学计划。

系部层面要有效发挥专业教师的力量和积极性，将创新创业教育与专业教育有效融合发展。充分发挥学校优势专业，利用好现有系部产业平台，在教学、实训中与专业课程目标充分融合，引导学生学好专业，把投身专业创新创业作为创新创业的核心竞争力。通过不断理顺创业教育的工作关系，提高全校广泛参与创新创业教育工作的积极性，形成创新创业教育的工作合力。

学校应逐步加大创业教育投入，制定科学有效的创业教育评价机制和创业实践激励机制，并牵头联合相关企业与社会资本，设立创业基金，以支持开展与创业相关的竞赛奖金及创业实践扶持。通过创新创业战略的进一步实施与推动，全面开展创新创业教育，激发学生的创新创业意识，全面提升学生的综合素质和创业能力，提高创业效率，创造积极的创业环境。

要打造普及化的创业通识课程平台和精英化的创业实践平台，根据学校的专业特色和学生教育发展的规律，将创业教育纳入新的人才培养方案，设计循序渐进的让学生"想创业、敢创业、能创业、会创业"分层、分级的施教内容。不能把学生的创新创业教育简单地理解为提高学生就业率的渠道，而是要在创新思维、创意灵感和创业素质培育上加强引导和帮助，让学生想创业、敢创业。

学校可对有创新创业意向的学生进行筛选，组建若干结构合理的创业团队，培育具有创新能力和创业素质的人才。将创新创业实践教育和学分进行挂钩，实施创业导师制，并为个别创业优秀的学生采取免修不免试、学历进修、推优入党等政策。聘请成功企业家和职业经理人担任创新创业导师和顾问，让贴近社会实践的创业经验进入校园，拓宽学生创业视野。

高职院校创新创业教育是一项长期、复杂和艰巨的系统工程，是一个不断发展、成熟和完善的过程，它需要政府、社会、企业、高校等各方主体的努力配合和协同创新，需要高校内领导、管理部门、教师以及学生的共同努力。高职院校应不断探索与实践、总结与提高，形成有特色的创新创业人才培养模式，切实有效地提高创新创业教育质量，为高职学生成人成才和实现自我价值提供广阔的舞台。

## 参 考 文 献

[1] 黄文艺，黄银林，刘宏斌，等. "互联网+"时代对包装印刷企业的影响及其转型分析 [J]. 中国管理信息化，2016，19（14）：53~54.

[2] 杨道文，肖志坚. "互联网+"模式下的印刷包装业转型升级实现模式思考与探索 [J]. 知识经济，2016（9）：67~68.

[3] 肖志坚，杨道文. 高职包装技术与设计专业通识教育构建与思考 [J]. 电脑知识与技

术，2015，11（5）：159~160.

[4] 梅少敏，肖志坚. 现代学徒制模式下的考核方式辨析［J］. 电脑知识与技术，2015，11（18）：121~122，133.

[5] 肖志坚，梅少敏. 微课及在现代物流包装专业人才培养中的应用［J］. 物流技术，2015，34（5）：307~308.

[6] 唐柱斌，冯世梁，黄伟立，等. 制造业"两化"融合实现模式和路径研究——以温州市物流包装行业为例［J］. 中国包装工业，2014（16）：87~88.

[7] 肖志坚. 瓦楞纸箱局部增强技术的研究［J］. 包装工程，2013，34（7）：17~20，47.

[8] 肖志坚. 瓦楞纸板（箱）减量化设计加工研究现状［J］. 包装工程，2012，33（7）：127~131.

[9] 肖志坚. 低碳经济下印刷包装业的发展前景［J］. 中国出版，2011（10）：43~45.

[10] 叶茜茜，肖志坚，叶菲菲. 畅谈在校生创办"个性条幅工作室"［J］. 中小企业管理与科技（上旬刊），2010（12）：159~160.

[11] 肖志坚. 高职印刷技术专业凹印实训教学体系构建与实施研究［J］. 中国出版，2010（4）：30~32.

[12] 肖志坚. 凹版印刷实训中"生产式"教学模式研究［J］. 成功（教育），2009（10）：250~252.

[13] 肖志坚. 浙江省民营印刷包装企业技能人才开发的研究［J］. 商场现代化，2008（31）：252~253.

[14] 邵明秀，肖志坚，赵威威. 浅谈微利时代印刷包装人才的培养［J］. 现代经济信息，2008（6）：92.

[15] 肖志敏. 探讨印刷包装行业转型升级阶段人才培养中存在的问题与对策［J］. 广东印刷，2018（2）：58~60.

[16] 吴宣宣，童锋，胡新根，等. "工匠精神"融入高职技能人才培养的实践思考——以印刷包装专业为例［J］. 南方农机，2017，48（22）：9~10.

[17] 鲍蓉. 新媒体影响下的印刷包装人才培养模式的研究［J］. 中国包装，2017，37（4）：71~73.

[18] 贺文琼. 高职复合式人才培养改革的必要性与实施路径——以深圳职业技术学院印刷包装类专业为例［J］. 高等职业教育（天津职业大学学报），2015，24（2）：48~52.

[19] 吴艳芬. 印刷包装类高职院校人才培养模式的探索与研究［J］. 安庆师范学院学报（自然科学版），2012，18（4）：123~125.

[20] 陈黎敏，蔡惠平. 包装专业课程建设与市场需求［J］. 包装世界，2012（5）：

68~69.

[21] 代沁伶. 包装工程专业本科人才培养模式探析——以西南林业大学包装工程专业为例 [C] //湖南工业大学法学院. 第三届教学管理与课程建设学术会议论文集. 湖南工业大学法学院：湖南工业大学法学院，2012：4.

[22] 张佳宁，张慧姝，刘芳. 从行业发展角度谈包装人才的培养 [J]. 中国职业技术教育，2012（9）：89~91.

[23] 刘筱霞，王强. 现代包装人才培养模式的研究与实践 [J]. 教育教学论坛，2011（26）：52~53.

# 第四章　印刷包装专业现代学徒制改革与实践

近几年，国家先后出台了多项关于鼓励职业学校开展现代学徒制，与地方教育型企业联合培养技术技能型人才，为当地经济更好地服务的政策。在国家大力推行现代学徒制的背景下，不少地方政府也先后出台了支持和鼓励职业学院推行现代学徒制的政策。相关高校为了有效地落实政府的要求，在认真研究和对照国内外职业教育的基础上，制定了符合各个学校学情的开展现代学徒制的实施管理制度。根据网络平台收集的资料显示，相关高校制定的学徒制管理制度涉及的面较广，包括企业的选择和建立、学生的选拔和管理、校内外指导老师的安排和管理、考核制度等一系列实施管理制度。当然学校不同，所在的区域差异，出台的政策也有差异，甚至有些学校还出台了一定经费奖励学生的制度。所有的管理制度都是为了平稳地开展现代学徒制，确保工作稳定、有效、规范和高质量的进行。

我国在加强现代职业教育决定的相关规定中，要求推行现代学徒制，采用试点的方法，进行人才培养模式的创新。现代学徒制的发展，在有了政策指引之后，经过教育工作者的不断深入完善，在传统的高职学生管理模式上进行了各种尝试，最终实现了现代学徒制，以现代学徒制与学生管理相结合。所谓现代学徒制是在传统学徒制的基础上发展形成的一种新型人才培养模式，强调通过教授和传授形成做中学、学中做的工学交替、产教融合的教学新模式。在这个模式下，学生既是学生身份，在学校学习理论；同时也是企业的预备员工，毕业后成为企业在院校中培养的学徒。其中，很重要的一个方面就是校外实训基地的选择和共建问题，事实上，校外实训基地的选择和共建也是现代学徒制推行和实施的一个非常重要的环节，甚至决定了学徒制改革的成败。

# 第一节　现代学徒制模式辨析

现代学徒制是现代职业教育改革的重要模式之一，日益得到国内职业学校的重视。事实上，学徒制在中国早已存在数百年，只是随着近代教学理念的变革，加上教学模式和手段的变化，将原有的学徒制进行了创新和提升。

在国外，学徒制在工业革命后日益兴起，尤其是第二次世界大战之后，其中典型的模式有德国的"双元制"、英国的"三明治"、澳大利亚的"新学徒制"、美国的"合作教育"及日本的"产学合作"等模式。为了更好地了解国内外现代学徒制的发展现状和特点等，下面介绍推行和实施现代学徒制较好的国家和地区的基本情况。

## 一、国外代表性的学徒制模式

### （一）德国现代学徒制

一提到现代学徒制，很多人首先会想到德国，事实上，在推行现代学徒制方面，德国等国家确实走在前列，有着自身的特点和模式。德国现代学徒制人才培养模式主要是"双元制"模式，采用半工半读的方式，完成职业教育和教学，真正实现了学中做、做中学，是理论与实践相结合的一种有效的教育方式。

众所周知，德国作为第二次世界大战的战败国，在受到战争洗礼后，成为一个一穷二白的国家，然而在德国人民的努力下，仅短短的 20 多年里其经济就得到了快速恢复和发展，这在很大程度上与德国重视职业教育有着密不可分的关系。德国的办学模式形式多样，既有国家办学形式，也有企业办学、国家与企业联合办学，以及宗教团体和个人办学等模式。德国国家办学指的不是联邦办学，而是州政府办学，这些州政府提供资金，创办各类职业学校和专科高等学校等。还有部分企业也积极参与技能人才培养，企业举办职业教育的目的首先是为本企业培养技术人才，满足企业用人需要；其次是扩大本企业的影响，产生良好的社会效益。有些企业除了希望培养技能人才以外，还想通过这些活动提升其在行业中的影响力、社会地位和话语权等。诸多教学模式和教学活动，为第二次世界大战后的德国提供了大量的技术技能型人才，也为企业高效发展提供了可能，并且这些教育教学活动逐步形成了独有的办学模式和办学特点。德国的学徒制是从手工学徒制开始，之后才慢慢过渡到现在大家耳熟能详的现代学徒制。其发展历程离不开国家的大力支持、企业、行业的广泛参与以及社会对人才的极大需求，并且在发展到一定阶段的时候，国家出台了一些相关制度和法律，有效地保障和推动了职业教育的发展和现代学徒制模式的推行，包括学徒选拔和技能评价制度、培训投资成本共担制度、集体谈判与协商制度、多主题参与协同治理制度、重视技能和工匠的社会文化制度等。

事实上，除了德国学徒制模式受到诸多学者的研究和推崇外，还有很多发达国家在现代学徒制实施方面也取得了较好的业绩，包括美国、日本、澳大利亚等国家。这些国家在实施的过程中得到了政府方面、行业和企业方面极力支持，并形成了自己独有的办学模式和特点。

（二）英国"三明治"模式

英国"三明治"模式实际上是通过学校或培训机构制定教学计划，学员通过"学习—实践—学习"的产学结合模式进行学习，这种模式是英国政府主导下的现代学徒制模式。所谓的"三明治"模式是对半工半读、工学交替课程设置体系的形象描述——一部分时间进行理论学习，另一部分时间进行实训学习或顶岗学习。该国现代学徒制体系分为中级、高级与高等学徒制三种级别，学徒采用一段时间在校学习、一段时间在企业实习和工读交替进行培训的机制。

英国作为老牌的资本主义国家，有着较强的工业基础，较好的工业基础为现代学徒制的诞生与改革提供了良好的土壤和氛围。根据资料显示，在20世纪初期，英国桑德兰技术学院为了有效地服务当地工商业的发展开启了"三明治"教学模式，开始了"工学交替"的教学模式探索。后来很多的学校和培训机构也纷纷仿效，在办学的课程体系中增加新出现的科学和实用技术内容的教学，同时，为了强化与所在区域企业的合作，为学生开发了边学习边工作的办学模式。直到1945年，英国政府才开始重视并研究和规范现代职业教育，逐步推动了"三明治"职业教育办学模式的发展。到了20世纪80年代，英国的"三明治"职业教育办学模式日趋成熟，同时相关部门也出台了一系列的政策和方案。

在整个制度从变革到形成，主要体现了社会的需要，尤其是行业和企业的需要，其次是学校的配合，第三就是政府的重视，三者缺一不可。

（三）澳大利亚"新学徒制"模式

澳大利亚"新学徒制"模式也是近年来我们学习和了解的重要模式之一。事实上，澳大利亚作为曾经的英国附属国之一，其国家的人员结构、生活方式、文化与意识，甚至货币等都与英国密切相关，因此澳大利亚的职业教育体系与英国的职业教育有着密不可分的关系，甚至很多的地方都是在英国职业教育的基础上发展而来，在发展的过程中又进行了自己的创新，并最终形成了独有的办学模式。

澳大利亚在20世纪90年代末为帮助青年人、学校辍学者和失业者重返劳动力市场，建立了新学徒制，拓展了传统学徒制的行业基础及生源范围。

1996年，澳大利亚政府将学徒制和受训生制合并，统一称为"新学徒制"，并制定了资格框架（Australia Quality Framework，AQF）和培训包（Training Packages，TP）。2001年，澳大利亚政府修订了以前的认证框架（Australia Recognition Framework，ARF），形成新的质量培训框架（Australia Recognition Framework，AQTF）。至此，澳大利亚新学徒制框架形成，包括国家资格框架、培训包和质量培训框架三项。

这种模式通过国家统一制订的资格框架、质量框架及培训包，行业或企业增设特色内容，由企业与学校共同合作来完成教学任务。它的最大特点是以政府与企业为本。学员大部分时间在行业、企业的工作场所学习或顶岗，只有小部分时间是在学校学习。因此，在这种模式下培养的学生不强调理论的系统化，而是强调理论够用、实用，更多的是强调实践动手能力和操作能力。另外，在TAFE技术学院可以看到很多学员都是社会人，甚至中年人，与国内的职业学校的学生差异较大。

（四）美国"合作教育"模式

根据资料显示，美国"合作教育"模式是把课堂学习与相关领域中生产性的工作经验学习相结合的一种结构性教育策略，学生工作的领域与其学业或职业目标是相关的。合作教育的目的性强，学习的过程与环节也比较直接。

这种模式是把课堂学习与生产中的工作经验学习相结合的一种结构性教育策略，它的最大特点是以工作为本。从学徒所要从事职业的岗位能力出发，确定能力目标，而能力目标由若干个子目标构成，并由若干个企业承担培训工作，培训课程注重专业性与实用性并重。

（五）日本的"产学合作"模式

日本的"产学合作"模式充分利用学校、企业及科研单位等多种教学环境和教学资源，把以课堂传授知识为主的学校教育与直接获取直接经验、实践能力为主的生产、科研实践有机结合起来，它的主要特点是政府全面主导，企业作为主体。"产学合作"模式的学徒具有双重身份，既是职业培训机构里的学徒或企业的在职人员，又是职业院校的学生。企业为学校提供资金、人员与实习岗位，学校根据企业发展的要求，有针对性地为企业培养对口人才，实现校企双赢局面。

上述五种比较成熟的现代学徒制模式中，除了德国"双元制"与美国"合作教育"现代学徒制模式是企业或工作本位以外，其他几种模式都突出了政府在现代学徒制中的主导地位。在现代学徒制的运作机制上，具有"校企合作、产教结合、工学交替"的显著特征。

## 二、国内现代学徒制

（一）国内学徒制的制度出台

近年来，我国也日趋重视现代职业教育改革，党的十八届三中全会和全国职业教育工作会议先后提出了深化产教融合、校企合作，进一步完善校企合作育人机制，创新技术技能人才培养模式等，并先后出台了一系列文件和制度，包括《国务院关于加快发展现代职业教育的决定》（国发〔2014〕19号）、《教育部关于深化职业教育教学改革全面提高人才培养质量的若干意见》（教职成〔2015〕6号）、《关于深化产教融合的若干意见》（国办发〔2017〕95号）、《教育部等六部门关于印发〈职业学校校企合作促进办法〉的通知》（教职成〔2018〕1号）等。这些文件精神为进一步深化我国产教融合，促进教育链、人才链与产业链、创新链有机衔接，全面推动学院教学改革与服务升级，服务地方经济发展。由此可见，为了适应国内产业发展和经济转型升级的需要，加大职业教育改革，提升人才培养的档次和质量显得尤为重要。

所谓现代学徒制，通俗的理解就是在过去师傅带徒弟的传统学徒制的基础之上，导入现代办学和育人管理机制，使之富有更强的现代化职业教育理念，同时不失传统学徒制的教学质量。现代学徒制是一种交替式学习和培训制度，整个学制大概有近一半时间在学校学习，另一半时间在企业或校内实践性学习和仿真性实践学习。如何有效地在职业教育人才培养的过程中推行现代学徒制，可谓是一个系统化的工程，其涵盖的内容非常广泛，大体包括校企协同育人机制、招生招工一体化、完善人才培养制度和标准以及师资队伍建设等多个方面。尽管内容复杂，涵盖面广，但其在职业教育人才开发过程中的优势不言而喻，因此不少职业院校正尝试推行现代学徒制。

目前不同地区、不同院校在认真学习国家相关文件和制度的基础上，先后以各种形式推行和实施现代学徒制，有的仿效德国的半工半读学徒制模式，有的采用"2+1"时间的学徒制模式等。不同的模式主要取决于办学区域的用工模式、培养单位的理解以及教学资源的配置和管理的需要等。

（二）产业学院模式下"2+1"学徒制

为了更好地认识现代学徒制，下面结合作者所在单位的方案阐述产业学院"2+1"学徒制的模式。

1. 确定产业学院定位

产业学院指为了有效实现工学交替人才培养，由高职院校和具有相当规模的企业在理念、机制、模式、条件上形成的产学研一体化深度合作、互动双赢的校企联合体（多方合作联合体）。其目标为培养服务地方产业需求的创新型人才，学校以工匠精神为引领，以产业学院为依托，改革人才培养模式，促进教育链、人才链、产业链、创新链有机衔接，推进人力资源供给侧结构性改革，通过"现代学徒制改革"系统解决产与教、产与学、供与需三层关系中核心矛盾问题，突破产教融合"最后一公里"，达到多方共赢的目标。产业学院最终要实现的目标如下：

（1）成为企业的人才培训学习基地。

（2）成为企业人力资源储备调节基地。

（3）成为企业应用技术研发基地。

（4）成为企业人才战略梯队建设孵化输出基地。

（5）成为高校产业研究基地。

（6）成为高校技能人才实训实习就业基地。

（7）成为高校创业孵化基地。

（8）成为高校双师型教师培育基地。

产业学院人才培养理念：所有产业学院或企业学院的目的，一是凝炼专业，建设"高原""高峰"；二是精准对接产业、服务产业，在服务中体现专业特色；三是工作平台，其是深化产教融合、校企合作的具体措施和落脚点。产业学院应坚持"紧靠行业，服务企业；产教协同，研创合一；开放包容，特色发展"的办学理念，以"和合尚善、自强不息"的大学精神为引领，以"爱劳动、有涵养、懂技术、强技能、会创业、乐奉献"为规格目标，培养具有东方特质的"五心"金蓝领人才。"五心"即"具有家国情怀的赤子之心""和合尚善的善良之心""精益求精工匠之心""虚怀若谷包容之心""自强不息的进取之心"。

产业学院教学管理理念：从供应链管理视角出发，采用全生命周期管理模式，为企业提供"一站式"、"菜单化"人才服务解决方案，整体解决企业"选人、育人、留人、用人"等人力资源队伍建设问题，最大限度地提高企业人才需求满意度。

## 2. 产业学院组织架构

为了更好地对接温州地方产业发展需求，面向高端装备制造、汽车电子、电子信息、智能电器、智能物流、激光电子、现代服务等主导产业建设特色产业学院，形成高效的三层管理架构，即指导机构为校地合作指导委员会，管理机构为浙南产业协同发展创新中心，执行服务机构为产业学院（企业学院）等，以产业学院（企业学院）为平台开展深度产教融合，为企业量身定制技能型人才。

## 3. 产业学院实施与运行

（1）学院构成。产业学院构成一般从产业学院名称、产业学院规模、产业背景设计及专业组成和成员构成等方面进行设计。第一，产业学院常见的有汽车产业学院、机电产业学院、智能电器产业学院等，其名字设计主要结合当地的产业特点和所在单位的专业进行设计。第二，产业学院的规模不易过大或过小，一般在200~500人，人数偏少，较难与多家大型企业合作，形成多专业的供需关系和有机融合合作关系。第三，要想建立有效的产业学院，必须充分考虑到产业背景，只有具有良好的产业背景，才有可能开展后续的工作，否则一切都是纸上谈兵。第四，在组建产业学院的时候，要充分考虑到产业专业构成的专业或专业群，尽可能在较大程度上与产业学院名称紧密结合，当然在实际运行的过程中，很多时候可能是跨专业或专业群的人才搭配，在温州地区，常见的搭配是以产业技术岗位人才需求为主体，兼顾管理、销售、物流、外贸、会计等现代服务类专业，"一站式"解决企业需求。毕竟企业在招聘的时候，往往需求是多样性的。第五，团队成员的构成，一般以产业链为纽带，以产业链中有协作关系的知名企业、骨干企业为主体，学院有关二级学院，产业行业协会等。

（2）岗位职责。为了有序推进工作，并且职责到人，必须制定明确的岗位职责或工作职责。主要包括企业职责、学校职责、协会职责等。在职责的制定中应尽可能量化，包括具体的岗位要求、相关的待遇以及出现问题的处理流程等。

（3）产业学院管理模式。为了保障产业学院能正常高效运行，一般由政府、学校、企业和行业共同合作，或某单位牵头，制定基础性管理文件。下面以作者所在单位为例，四方共同完成了以下多项文件，以保证产业学院模式下的学徒制有效运行。产业学院采用理事会制度进行管理，通过制定《产业学院理事会章程》明确参与方的权责利；采用理事会领导下的院长负责制；制定《产业学院财务及资产管理制度》，保障产业学院的财务制度严谨规范，明确资产归属及使用等；制定《产业学院绩效考核与激励制度》，以目标考核为导向，推进产业学院的建设；制定《产业学院的日常运行工作制定》，确保日常工作有序高效开展。

（4）制定符合产业学院"2+1"学徒制模式的人才培养方案。

1）"2+1"的现代学徒制人才培养方案制定。

培养理念：将"爱劳动、有涵养、懂技术、强技能、会创业、乐奉献"作为人才培养基本指导思想，贯穿整个培养周期。产教融合联合培养体现在校企双方将人才培养目标与产业需要和岗位需要对接，建立以学生为中心、以工作过程为导向、着眼于提高学生的职业技能和职业素养的人才共育机制。将专业建设与产业群和岗位群对接，校企合作共同开发任务驱动的项目化课程，最终实现高技术技能人才培养。

课程体系：通过岗位群分析，获得人才培养目标，然后对原来的专业核心课程进行改革,形成工作过程导向的项目化课程,以及对应岗位需要的专业基础、核心课程和素质通识课程。基于产业集群和工作过程导向的课程改革是产教融合的深化,也是产教融合的核心,可从根本上解决高职院校人才培养质量问题。

学习时间:2 年时间在校完成基本素质、基本技能的培养,1 年时间在企业完成"企业专业培训""基层顶岗实习""岗位研习实践""毕业作品设计"学习。整个人才培养方案设计与企业的生产周期特点紧密结合,达到互利、协作、高效目标。

2)人才培养模式。产业学院人才培养模式主要采用现代学徒制的形式,通过学生"自主选择企业""自主选择岗位""自主选择导师",从大二就开始明确学校指导老师和企业指导老师,实行双导师制。根据不同专业,选择合适的人才培养路径(表4-1)。

表 4-1 人才培养路径

| | 时间 | 双导师 | 路径 | 备注 |
|---|---|---|---|---|
| 现代学徒制 | 2 年在学院学习,1 年在产业学院学习 | 校企双方各 1 位导师 | 就业为导向 | 1 年在企业 |
| | | | 管培生为导向 | 1 年在企业 |
| | | | 顶岗实习为导向 | 0.5 年+0.5 年 |
| | | | 工学交替为导向 | 1 年累计在企业 |
| | | | 自主或创业为导向 | 1 年在企业 |

3)教学管理形式。产业学院采用"特色学分银行"的教学管理模式,充分体现学生的自主性和灵活性,采用现代化信息管理手段进行管理。

# 第二节 现代学徒制模式下的校企共建实训基地辨析

## 一、现代学徒制重要性认识

开展现代学徒制是职业学校培养技术技能型人才的重要环节,已经得到了职业教育体系的认同。在国家多次出台现代职业教育改革和鼓励推行现代学徒制的背景下,大部分国内职业院校都在认真地落实。对于学生而言,参与现代学徒制的学习实际上就是完成一门专业课程的学习,只是变更了学习的环节和方式,其重要性往往比一般的必修课程更加重要。

## 二、教育型企业概念理解与建设

为深入贯彻党的十九大和全国教育大会精神，完善职业教育和培训体系，深化产教融合、校企合作，充分发挥企业在技术技能人才培养和人力资源开发中的重要主体作用，根据《加快推进教育现代化实施方案（2018—2022年）》《国家职业教育改革实施方案》要求，制定本办法。

（一）教育型企业概念理解

2019 年教育部出台了《建设产教融合型企业实施办法（试行）》，在实施方案的第一条明确提出：为深入贯彻党的十九大和全国教育大会精神，完善职业教育和培训体系，深化产教融合、校企合作，充分发挥企业在技术技能人才培养和人力资源开发中的重要主体作用，根据《加快推进教育现代化实施方案（2018—2022 年）》《国家职业教育改革实施方案》要求，制定本办法。

事实上，要想较好地推行和实施现代学徒制，必须选择教育型企业进行联合和共建校外实训基地，在此基础上才有可能较大规模地完成现代学徒制的实施和改革等一系列教学和管理。

那么，什么是教育型企业。根据百度等大型资源库的检索可以知道，教育型企业的名称不是完全统一的，有些地方称为产教融合性企业，有些地方称为教育型企业，但其内涵基本一致。2019 年 4 月国家发改委、教育部印发《建设产教融合型企业实施办法（试行）》，该试行方案中给出了明确的规定，主要集中在：

（1）产教融合型企业是指深度参与产教融合、校企合作，在职业院校、高等学校办学和深化改革中发挥重要主体作用，行为规范、成效显著，创造较大社会价值，对提升技术技能人才培养质量，增强吸引力和竞争力，具有较强带动引领示范效应的企业。建设产教融合型企业，应按照政府引导、企业自愿、平等择优、先建后认、动态实施的基本原则开展。

（2）教育型企业评价指标。在方案中给出了部分技术指标，主要包括：

1）独立举办或作为重要举办者参与举办职业院校或高等学校；或者通过企业大学等形式，面向社会开展技术技能培训服务；或者参与组建行业性或区域性产教融合（职业教育）集团。

2）承担现代学徒制和企业新型学徒制试点任务；或者近 3 年内接收职业院校或高等学校学生（含军队院校专业技术学员）开展每年 3 个月以上实习实训累计达 60 人以上。

3）承担实施 1+X 证书（学历证书+职业技能等级证书）制度试点任务。与有关职业院校或高等学校开展有实质内容、具体项目的校企合作，通过订单班等形式共建 3 个以上学科专业点。

4）以校企合作等方式共建产教融合实训基地，或者捐赠职业院校教学设施设备等，近 3 年内累计投入 100 万元以上。

5）近 3 年内取得与合作职业院校共享的知识产权证明（发明专利、实用新型专利、软件著作权等）。

（3）教育型企业选择。根据教育部出台的方案以及相关地方的有关文件要求，可以清楚地看出并不是所有的企业都适合高职院校建设校外实训基地，推行现代学徒制。

根据出台的文件要求，相关企业首先应该具备一定的规模和场所，能够在一定时间内提供有效的学习环境、实训设备等，实现共同育人教学；其次相关企业应热衷于教育事业，愿意拿出部分资源、设备等积极参与高职院校的校企共建、共同育人的各个环节，且不仅仅局限于招聘几个"廉价"学生，临时顶替人手不足等现状；最后，企业具有一定的创新行为。

因此，通过对方案的学习可知，要想有效推行现代学徒制，必须对相应的企业进行很好的筛选、考核评价等，挑选出适合推行现代学徒制校外实训基地的适合企业。当然也只有合适的企业才能为后续的合作提供可能。

（二）教育型企业的培育

企业在发展的过程中，或多或少地参与高校的一些活动，但是全部满足以上要求，很多的企业还达不到，因此教育型企业的培养也是非常关键的。一方面教育部门出台了相关选拔方案，明确了教育型企业建设培育的基本条件、建设实施程序及支持管理措施；另一方面很多地方政府为了更好地推动产教融合、校企合作，也出台了不少的管理制度、选拔奖励考核制度等。

（1）2017 年 9 月 21 日在浙江在线上报道：嘉兴试水推行"教育型企业"认定与管理机制，首批有 7 家优质企业入选。

（2）2018 年 12 月 7 日桐乡智慧教育报道：关于公示入选 2018 年桐乡市

教育型企业的公告。

类似的新闻还有很多，这里不一一列举。通过以上案例可知，企业与高校合作，在实现高质量的产教融合、校企合作、共建校企实训基地等方面还有很长的路要走，一方面需要企业有高度战略性的眼光，另一方面也需要提供高质量的人才，以及更多服务能力强的师资，只有资源共享、互利互惠，合作才是公平的，合作才有可能走得更远，成效才会更加明显。

## 三、校外实训基地建设

在明确了校企合作单位后，就可以有效开展很多工作，包括师资共享、课程工建、教材建设、学徒制模式的顶岗实习以及科技项目合作等。下面主要探讨师资共享、课程共建及学徒制模式的顶岗实习。

（1）师资共享。师资共享是校企共建实训基地的一个重要环节，一方面企业可以提供优秀的技术指导老师参与专业课程讲授，另一方面学校的部分双师型老师可以参与企业的培养，也可以提供年轻老师挂职锻炼。因此，良好的校外实训基地应该具有良好的师资共享环节。

（2）课程共建。课程建设是专业建设的核心环节之一，课程建设的内容比较多，模式差异也很大，但是万变不离其宗，就是通过校外实训基地的优良环节、优良配置等，为现代学徒制的学生提供良好的实训资源。课程建设的过程要根据企业岗位用人标准和国家职业资格标准，结合课程改革要求，校企共同开发课程、编写教材，将职业资格标准和行业技术规范纳入课程体系，将相应的职业资格证书课程纳入教学计划，突出课程的职业性和应用性。

校企应通过共建融合实践教学、技能训练与鉴定考核、职业资格认证与职业素质培养等功能于一体的校内外实践基地和紧密型实验实训实习基地，建立院校、企业、行业和相关部门联合开发专业课程标准机制，加快实现职业院校课程标准与职业标准对接。

（3）学徒制模式顶岗实习。应加强现代学徒制管理制度体系的建设，按照校企职责共担的要求，建立健全学分制管理、弹性学制管理及学徒管理、"双导师"管理、教育教学管理的相关制度。强化过程管理，建立校企共同实施管理、共同检查并进行反馈等的教学运行与质量监控机制及交流机制，及时诊断并改进教育教学。

改革评价模式，建立由院校、企业及专家、教师、学生和家长等多方参与的考核评价机制，共同组织考核评价。

同时，校企共建"企业文化与校园文化"，提升学徒的职业道德水平和对企业的归属感，营造良好的文化氛围。

## 四、小结

现代学徒制是目前许多高等职业技术学院积极推行的一种新型教学改革模式，现代学徒制的推行有利于促进行业、企业参与职业教育人才培养的全过程，更好地实现专业设置与产业需求对接，课程内容与职业标准对接，教学过程与生产过程对接。在诸多因素中，校外实训基地建设是最为重要的一个环节，因此必须筛选、培育更多教育型企业，提升现代学徒制改革的成功率和成效。希望更多的职业学校能够尽量创造条件开展现代学徒制改革，为社会培养更多、更有用的技能型人才。

# 第三节　现代学徒制实施与问题处理

现代学徒制的实施和管理的过程是整个教学改革的关键环节，也是教学质量管理和控制的关键环节，影响的因素也比较多，因此存在的问题也比较多，这个时候就需要机制的保证和管理的保证。

## 一、现代学徒制实施

高职现代学徒制的实施过程一般包括以下几个主要流程：制定适合推行现代学徒制的人才培养方案和制度建设—寻找现代学徒制合作企业—组织筛选意向学生—签订现代学徒制协议—组织学徒制模式的顶岗实习—日常过程管理—学徒制考核、评价及总结等。不同学校的做法存在一定的差异。

（一）制定适合现代学徒制的人才培养方案和制度建设

1. 制定适合现代学徒制的人才培养方案

人才培养方案是高等职业技术学院人才培养的纲领性文件，从学生第一天走进校门，就确定了他们接下来三年的学习内容和实习工作。因此在设置专业和招生前，专业教研室必须严格根据学校的要求和人才培养定位等系列要求，完成课程设置以及其他若干重要信息的设计工作，而且一旦人才培养方案确定以后，原则上不能随意变更，并需要向社会公开，接受社会的监督。校外学徒制顶岗实习是专业实践教学的重要组成部分，是学生的一门必修课程，若无特殊情况，原则上学生在实习单位的实习时间应根据专业人才培养方案确定，顶岗实习一般为6个月，不得免修（顶岗实习包含校内的生产性实训）。学院应支持鼓励与实习单位合作探索工学交替、多学期、分段式等多种形式的实践性教学改革。

人才培养方案在设计的过程中，首先必须结合现代学徒制的推行计划，为顶岗实习量身定做，做到有计划、有步骤。其次考虑到人才培养方案的后续执行率，专业教学团队必须做好社会调研和专业论证，适时邀请企业专家一起参与修订人才培养计划，通过深度探讨和高度协商，明确顶岗实习的工作量和时间长度，并在人才培养计划中明确实施，以避免因顶岗实习带来人才培养方案或教学进程的调整，造成教学秩序的混乱。

2. 学徒制相关制度建设

（1）建立领导负责制，实行实习工作"一把手工程"。在开展学徒制顶岗实习时，要形成以学生为主体、学校为主导、系部为主管的工作模式，要强化系部领导对顶岗实习的全程跟踪与全权负责。领导小组要制定定期开展下企随访制度，巡视顶岗实习的各项工作要时常与指导老师、企业领导与管理人员保持沟通，查找顶岗实习存在的问题和漏洞，为顶岗实习保驾护航。

（2）要落实和完善制度建设，以确保顶岗实习各项工作的开展。学校要把顶岗实习工作摆在突出的位置，要出台各项规章制度和政策，完善配套措施，鼓励和支持顶岗实习工作的开展，出台相关政策解决学生顶岗实习的后顾之忧。

（3）协助企业建立人才选拔制度，使顶岗实习与定岗就业相结合。学生在顶岗实习期间，企业应为顶岗实习的顺利开展选用后备力量，企业必须要有一套学生顶岗实习结束后选拔优秀的学生到合适的岗位正式工作的政策，也就是为顶岗实习的学生确定一个合适的就业岗位，真正地使学生在顶岗实习中下得去、干得住、留得下。

（4）企业在学生顶岗实习期间要有相应的激励政策和措施。学生在顶岗实习结束后，学校与企业可以举行"优秀实习生"评比表彰活动，根据学生在顶岗实习期间的综合表现给予相应的测评，召开表彰大会，对表现优秀的学生予以表彰，大力宣传实习学生的先进事迹，树立典型榜样形象；同时精神奖励与物质奖赏要双管齐下，如成立顶岗实习专项奖学金，用于奖励与鼓励在顶岗实习中有突出表现的学生。

（二）寻找现代学徒制合作企业

在本章的第二节现代学徒制模式下的校企共建实训基地辨析中，针对校外实习基地已经讲得比较清楚了，不是所有的企业都适合作为校外实习基地，开展实施现代学徒制。事实上，要想较好地推行和实施现代学徒制，必须选择教育型企业进行联合和共建校外实训基地，在此基础上才有可能较大规模地完成现代学徒制的实施和改革等一系列教学和管理。

筛选的标准基本上可参考教育部提出的方案要求，要从企业的体制、规模场地、制度、文化、行业等一系列要求出发。

事实上根据实施的经验可以知道，很多企业都是不满足文件规定要求的，究其原因，一方面很多企业不了解什么是教育型企业，另一方面对教育型企业的条款要求还是很高的。在东南沿海城市，由于行业企业门类相对齐全，规模型企业数量较多，选择和合作的空间还是比较大的；对于职业院校，由于所在区域的局限性，想要较好地实施，还是有比较大的困难。

事实上，从高职院校的人才培养定位来看，已经说明了这一点。一般情况下，高等职业技术学院是为本地区培养高级技能型人才，也就是说在申请设定专业时，就应该做好充分的调研，其调研的区域重点应集中在地区，通常是某一个地级市，如果资源不够，可以适当延伸到省。如果在申请设定新专业时，行业企业等资源明显不够，则不应该设置相关专业和专业群。比如之前网络曾报道某职业技术学校让专业不相符的学生到富士康公司跨专业实习，后来遭到投诉等事件。

（三）学生筛选、分配、招聘、签订协议等

（1）学徒制实施前应做好充分的动员、沟通和指导工作。为了后续稳步推进现代学徒制，必须制定良好的工作方案，适时开展关于学徒制的动员工作。开展实习前的思想教育，调整学生心理期望值，提高他们的心理承受能力与抗压能力。学校在开展顶岗实习前必须召开顶岗实习动员大会，营造良好的氛围，同时还要召开主题班会，重点要强调实习中的各项制度与纪律，帮助学生树立爱岗敬业和吃苦耐劳的精神，并且让学生早做心理准备，要有打苦战、打硬战的决心；同时还要将典型教育和个别谈话相结合，用大量成功的顶岗实习例子教育学生，鼓励学生以他们为榜样，对于个别思想不积极的学生，要单独谈话，早打预防针。

建立以系书记、辅导员、班主任、心理咨询教师为主的思政人员值班制度。在学生顶岗实习期间，思政人员要参加指导工作。要主动到车间与学生进行交流，了解学生的思想动态，及时发现和解决学生在实习过程中的问题，有针对性地开展服务与辅导工作，减轻学生的心理压力和情绪波动，同时也要帮助学生解决在实际工作中出现的困难。

建立顶岗实习师生网络交流内部平台。由于学生在顶岗实习期间受时间、空间的限制，不能随时随地与思政老师进行交流与沟通，故应该充分利用网络为他们建立一个高效的在线思想教育大环境，可以通过QQ群、微信、博客等网络资源与学生进行交流，关心、关爱学生，让他们时刻体会到学校和老师对他们的关怀与关注。

（2）意愿分流。在开展现代学徒制前，必须结合同学们的意愿，实现分流管理。以作者所在学校为例，学校位于东南沿海城市，学生基本以省内生源为主，在对学生家庭状况进行调研后发现，至少1/4以上的同学家境非常优越，不少同学有家族性企业，这部分同学毕业后大部分将去这些企业。根据调研的信息这部分同学不愿意到学校组织的企业完成顶岗学习，尽管学徒制实习作为人才培养方案的一个教学环节，在具体实施的过程中应该充分考虑实施的现状，结合学生的具体学情做好分流管理工作。在分流部分同学后，对其他同学进行后续安排和具体落实推进工作。对于分流的部分同学也必须根据学校的管理制度，按照自我实习的模式操作，完成各类程序和协议。

（3）优选企业，提供充足的实习岗位。优选企业，提供充足的实习岗位是实行学徒制的前提，没有充足的合适岗位，后续工作就无法开展。另外也必须对企业进行筛选，不是所有提供岗位的企业都可以开展学徒制。同时学校还应该建立"黑名单"，对于那些有明显瑕疵，甚至严重违背劳动法的一些企业，必须采取零容忍态度。

应组织大型的招聘活动或者企业进课堂宣讲，这个环节中要求学生足够重视，准备好各类招聘活动中需要的资料，包括简历、作品等。

（4）签订现代学徒制协议。以某职业技术学院管理现代学徒制的协议为例，作为参考。一般的学徒制协议中要重点明确实习周期、工作时间、定岗还是轮岗、薪酬、后勤食宿、安全保障以及其他重要信息，详见附录。

（四）顶岗实施与管理

顶岗实习的具体管理往往因单位的制度不同而存在一定的差异。下面以作者所在的单位为例，简单阐述作者所在单位具体实施的过程。

（1）学徒制课时要求及企业和岗位要求。学徒制校外顶岗实习是专业实践教学的重要组成部分，是学生的一门必修课程，若无特殊情况，原则上学生在实习单位的实习时间应根据专业人才培养方案确定，顶岗实习一般为6个月，不得免修（顶岗实习包含校内的生产性实训）。但是根据专业特点或具体实施情况可以考虑工学交替、多学期、分段式等多种形式的实践性教学改革。

顶岗实习单位应优先考虑学校现有的校企合作协议单位，或者由指导老师找到实习岗位对口的企事业单位，工作岗位尽可能是与本专业有关的生产、管理、服务一线专业技术岗位。具体实施学徒制的二级学院（或系部）指定实习联系人（原则上是专业指导教师），二级学院（系部）和专业教研室就学生实习单位情况、实习安全、工作岗位、内容、工作环境、时间、食宿安排等相关事宜进行实地考察并以协议形式落实工作，与企业签订顶岗实习协议并在产学合作处（学校专门管理产学合作的组织结构）备案。学生若自己能找到专业对口的顶岗实习单位，可以填写申请表，经过二级学院批准，报教务科研处、产学合作处备案，亦可视为顶岗实习。未经批准和相关职能部门备案，签订的协议一律不予承认。

（2）根据人才培养方案，申请实施。根据人才培养方案的规定，顶岗实习作为教学计划的一门实践性教学课程，应该明确规定学习的时间、与专业相关的岗位内容及相应的要求和措施等，并根据学校的规定向相关职能部门申请顶岗实习计划，落实顶岗实习指导老师值班安排，并做好过程监管工作。在保证顶岗实习质量的同时，必须保证学生安全，执行值班制度，做好顶岗实习指导老师值班考勤记录。其中，实习人数规模较大、工作具有一定的危险性、相对集中的单位，要求指导老师24小时值班，其他情况每周巡查一次。

（3）开展现代学徒制前，完成学生动员和制度学习。大规模组织学生开展现代学徒制，必须事先做好学生动员工作，另外做好岗前教育和安全教育。应以学院、专业、班级等多种方式全方位组织学习规章制度，尤其是安全防范意识的教育工作；并安排实习相关事宜。每个实习学生应配备专业实习指导老师，按照实习要求落实实习任务。实习期间二级学院要定期抽查实习情况，时时掌控实习动态。

（4）加强实习过程督查和数据管理。组织相关行政职能部门加强实习过程督查和数据采集是整个学徒制实施过程中的另一个重要环节。一方面通过督导，可以全面了解学生在企业的学习情况，包括指导老师的具体管理工作，同学们的实习岗位和实习内容情况；另一方面可以了解学生的学情和思想动态等。督查内容是全方位的，一般涉及学生在岗和出勤情况、顶岗工作内容、劳保措施、顶岗实习劳务费的发放等。其次在巡视和督查的过程中，可以以到生产车间现场督查、召开学生座谈会、召开校企交流会等方式开展。

（5）完成评定和考核。实习结束后，实习单位应根据学生实习表现做出评定，指导教师根据学生的单位鉴定、单位指导教师评价、顶岗实习手册等相关材料最终评定实习成绩。所有学生上交的相关实习材料由二级学院存档，评定实习成绩上报教务科研处备案。在实施的过程中可能涉及的相关数据有顶岗实习协议书、顶岗实习指导教师值班考勤记录表、学生顶岗实习值班记录、学生顶岗实习手册、接收单位顶岗实习回执等。

（6）可持续发展和不断改进。

1）加强数据采集和统计。一方面应加强各类资料的收集，完成校外学徒制顶岗实习的收尾工作；另一方面可以通过对每年的学徒制的实习数据进行统计分析，有效了解哪些企业可以重点培育和合作，收集不同专业的实习对口率、不同专业重点就业岗位等若干重要数据，以便指导后续的人才培养方案修订等工作。

2）完成和改进。完成了校外现代学徒制顶岗实习后，实施单位必须召开由企业代表、学生代表和指导老师及行政主管单位等参加的交流总结大会，一方面表彰实习过程中的优秀学生及企业，另一方面认真分析查找顶岗实习过程中存在的问题，总结取得的成绩和经验，争取在后续再次实施的过程中可以做的更好。

## 二、顶岗实习中常见问题及分析

基于学校、企业和学生三方的出发点、利益点等多种因素，在顶岗实习的过程中经常会出现这样那样的问题，只要不是原则性的问题通常是可以协调和协商的。

目前高职院校在完成基本专业知识和常规素养教育后，一般都会或多或少组织学生参与顶岗实习或者学徒制实习等相关教学。目前，各大高校都非常重视"校企合作，工学结合"的人才培养模式，顶岗实习各项工作取得了长足的进步和可喜的成绩，但在实施的过程中也存在很多问题，下面结合实际操作过程中存在的问题分析顶岗实习工作存在的问题。比如从学校角度出发更多的是为了提高学生更早的了解企业的生产经营和管理等相关知识；作为一般的企业比较欢迎同学们去实习和就业，尤其是处于用工荒的季节；对于实习的主体学生方，往往出现的问题相对较多，原因也很多，比如生源地问题、适合和工作的心理准备问题、学生的家庭环境问题、学生的就业心理目标等一系列问题。

（一）妥善处理三方对顶岗实习的认识和利益表达差异

认识学生、学校和企业的关系和利益，学校在开展学徒制之前，必须制定配套的管理制度，并且让学生充分了解开展学徒制模式的学习是专业知识学习的一个环节，说白了就是一门必修的课程。在实习企业和岗位的选择上，需要充分地结合专业，且能够让开展学徒制的学生在实习的过程中，能够较好地由学生的角色逐步过渡到职业人的环节和保障。

1. 企业方利益表达

企业之所以愿意与职业技术学院合作，极力开展和推进学徒制顶岗实习以及配合学校完成期间的教学活动，主要是基于企业对人才的需求，一般体现在以下几个方面：

第一，积极推行顶岗实习或者参与现代学徒制的企业往往是部分"招工难"或者需求大的企业，因此时间较长的学徒制实习学生可以在某种程度上解决企业部分岗位人员的短缺，给企业带来直接经济效益。

第二，很多顶岗实习的企业把实习的学生作为人才引进的柔性方式之一，通过大学生的顶岗实习，把一些具有各种潜力的高校学生引流到企业内部，作为储备的员工进行培养和发展，通过一定时间的实习，可以完成员工的筛选。

第三，在校企合作和互动的过程中，可以充分利用学校的资源为企业发展提供便利。比如企业可以借助学校的场地、设备和师资为企业开展各种职业培训活动等，部分企业甚至通过校企合作，加强与高校深度合作，包括师资共享、教学互动开发、科研和项目开发等。

第四，在校企合作的过程中，企业通过宣传和实战，可以提升企业品牌在高校和专业学生中的影响力，树立企业形象，起到广告宣传的作用。

正是因为以上诸多利益因素，驱使了很多企业愿意参与学徒制改革和招聘高校顶岗实习的系列活动。

当然，在校企合作的过程中，如果控制和管理不完善，也可能为企业带来麻烦和很多负面的效应。因此，推行现代学徒制和组织大规模的顶岗实习等活动是把双刃剑。

## 2. 学校方利益表达

第一，学校是整个现代学徒制过程的重要生源提供方，根据人才培养方案的要求，职业学校学生毕业前一般必须完成6~12个月的顶岗实习环节。考虑到学校的教学资源等多种因素，通过顶岗实习，充分借助社会力量和校外行业、企业资源，实现培养各类高端技能型人才的目标，效果和路径最佳。

第二，学校通过校企合作模式为学生提供实习场所和大量的实习机会，能够有效地保证学生在实习过程中完成理论与实践的结合。

第三，学校通过顶岗实习可为教师积累挂职锻炼等机会，在完成学生顶岗实习的基础上，让专业教师更加了解企业的需求和岗位的要求等。

第四，在校企合作的过程中，专业教师通过与相关的行业、企业多次交流，可以获取更得的企业需求信息，可以争取到更多的教科研合作机会，有利于扩大学校的社会影响。

## 3. 学生方利益表达

学生是整个学徒制顶岗实习的主体，理论上讲也应该是整个实习环节的最大受益者。学生通过前面2年的校内理论学习，具有了一定的专业理论基础，再通过6~12个月顶岗实习，结合岗位要求，可以把知识转化为技能，完成理论与实践相结合的过程；学生通过顶岗实习，可以加强对未来职业规划的理解，同时能够有机会接受现代企业管理和企业文化的熏陶和洗礼，有助于他们了解就业形势和社会置业需求趋向，端正就业心态，树立正确的就业观。

顶岗实习的成果关键取决于企业、学校和学生三方不同程度的利益需求，只有建立相对完善的合作机制，有效及时处理三方的矛盾，通过沟通、协调等多种渠道完成项目合作才有可能最后成功。

（二）顶岗实习过程管理难

根据人才培养方案的要求，学生在完成一定的校内理论学习后，必须参加企业的顶岗实习，因此参加顶岗实习的学生具有双重身份，他们既是在校的大学生，同时又是企业的准员工。在管理上，一旦存在双重管理的时候，矛盾和问题往往会随之出现，因此妥善处理和有效定位学生的管理显得尤为重要。

在实习的初期，学校的指导老师必须有效介入企业管理，加强引导和过渡，在实习的中后期，学校重点在监督，而学生经过数月的过渡，基本上已经习惯了企业的相关管理制度和考核要求。另外在实施过程中，指导老师的及时沟通和协调也是非常重要的。

# 第四节　现代学徒制模式下的学生管理

现代学徒制是我国职业教育培养技术技能型人才的重要环节，在整个人才培养过程中，涉及企业、学校和学生三个方面，其中学生的管理是整个学徒制实施成败的关键。开展学徒制的学生具有双重身份，其一是高校的学生，其二是企业的预备员工，如何让学生们从学生的身份转变为企业的有效员工，需要学校、企业和学生本人的反复沟通、磨合后才能高质量的开展和完成。当然在推行现代学徒制的过程中，必须制定一系列的配套管理制度，用制度推行学徒制的实施和落地是管理学生的关键。

## 一、现代学徒制的内涵

现代学徒制以传统学徒制为前提，将现代中高职教育融入学生管理工作，通过更深层次的学习，让学生在高职院校学习中，将基础知识专业技能工作经验等加以结合，培养学生真正的动手能力，符合现代化人才培养的需求；

使得学生在毕业之后能够快速成为现代复合型人才。现代学徒制是将学生纳入学校管理，但是实践的是工厂需要的技术。

学校和企业应一同肩负起培养学生的职责，通过校企合作工学结合的方式，使教学手段不断创新。学生在就业指导的帮助下，对于学习的方向感增强，而且人才的培养更加弹性化。学生进入学校，等同于企业进行了招工，通过师傅的专业技术培训，学生还可以进入工厂参加工作，最终采用柔性管理的方法，在毕业的时候同时获得职业证书和毕业证书。这项制度采用的是招生即为招工的模式，培养的是技能型的劳动者。

## 二、现代学徒制下的学生管理创新

第一是对教育主体的改变，通过企业和教师共同努力，对学生进行学徒制管理，改变了传统意义上学校对学生的管理工作模式。工学结合、产教结合，促使高职院校的教育主体发生了改变，教师对学生进行指导。通过教师与企业的共同合作，强化学生的管理工作，教师和企业师傅之间通过沟通和配合，为学生创造良好的教育环境和服务模式。第二是学生身份发生了改变，进入学校的学生不仅是学生，而且多了一个学徒的身份，不仅要适应学校的学习环境，同时还要适应企业的工作环境。由于学徒身份需要适应企业的管理，因此在进行企业的双重教育和教师的双重教育之后，学生对自身的身份也产生了适应心理。通过对学生进行梳理，班主任可以掌握学生平时的学习生活状态，企业师傅可以对学生的实际动手能力进行培养。第三，教学内容和手段发生了更改。企业通过对学生的实际训练，在形式上不断变化，结合学生的学习特点和学习要求进行学习方法的改善；高职院校采取教学手段与理论教学等多方面结合的方法，适应现代企业的工作模式，形成有特色的教育制度，让学生在企业积累工作经验的同时，将书本知识应用到岗位训练中，不断提升自身能力。

## 三、现代学徒制试点推行的现状

现代学徒制基本模式的建立，主要指在同一个工作中，师徒共同协作完成工作任务，取代机械化生产中纯粹的人力劳动，人才难以满足的情况。在机器化大生产、现代化技术大发展的今天，采用师傅带徒弟的模式，结合独特的职业教育模式，能够将各种手艺进行传承。目前世界各国对于现代学徒制都进行了积极的探索。例如，德国是实施现代学徒制最早的国家，采用"双元制"的模式，企业为学徒提供实践场所，让理论知识能够应用，在实践中提升自身的综合技能。通过各个企业和多个企业联合培训的方式，采用培训三四天的时间制度进行综合的培训，不仅让学徒掌握基本理论知识，同时通过企业为学徒提供实践场所，让学生能够将理论知识及时应用到实践中。

英国模式采用三级别的学徒制。第一级别是国家职业资格，第二级别是国家执业机构资格的三级。第三级别是国家职业资格的四级以上，采用三级学徒制，根据学生的实际情况获取资金资助培训机构可以进行计划组织教学活动。通过在培训机构理论学习和企业导师的指引，表现优异的学生可以取得相应的资格证书。

瑞士模式通过法律规定相关职业培训的条例，提供现代学徒制的分工职责，企业可以为学徒提供场所，让学生得到全面发展。

当前我国进行的高职院校现代学徒制改革，在顶层设计上由于缺乏相应的标准，因此难以为高职院校提供参考。一些院校在和企业发展学徒制联合培育过程中，受到一定的阻碍。再就是学校的处境较为尴尬，与企业建立长久的联系，为学生提供实训，这是学校所需要的，但是企业相对来说需要更加主动和积极一些，因为在招生方面，高职院校只能按照统一的招生规章进行招生，而企业的招生过程中注重的是学生的技能能否满足所需，能不能为企业创造价值。因此，在进行招生的过程中，企业应参与进来，需要企业更加注重育人模式的启动。如果企业认识不到位，对学校学生的培养不够重视，就会导致在实践过程中无法为学生提供真正的实践场所。如果一切以经济为发展，不担当教育的职责，那么校企合作的模式也是无法成功的。企业对人才的选择非常严格，往往根据岗位需求来选择优秀的技能人才。但是在现代学徒制中，学生还需要实际技能的培育，因此企业往往由于存在经济方面的担忧，不愿意在校企合作时投入过大的精力，因此这种学徒制的推广也受到了一定的阻碍。

在学徒制学生培养模式的推广上，政府应该切实制定有效措施，强化教学管理力度，提高学生的专业素养。通过创设良好的实践平台，吸引更多的校企合作，在学生综合能力的提高上发挥作用。同时，学徒制试点目前仅适合在小范围内展开，企业可以根据需求与高校进行商讨，选择相应的专业试点，作为人才培养的载体，采取有针对性的试点招生工作，能够让企业认识到自己的不足，同时也对学校招生工作起到一定的促进作用。实现校企共育，必须通过资源共享的方式，切实制定可行性极高的现代学徒制人才培养方案。一个是科学排工和学时的时长设置，都要在人才培养方案中加以列出。同时鼓励教师在日常教学中多多创新，优化课程体系，针对学生实际情况优化配置课程，让学生所学的知识真正能够得到应用，同时明确学生的职业前景，让企业实习时学生能够融入企业生产中，了解社会形势和企业的用人需求，认识到社会发展的局面，对自身的资质能力有限的情况予以清醒的认知，签订相关合同，或者是为学生打造职业生涯，都是能够为学生创造良好的发展环境的，帮助学生在良好的实践环境中彰显才华，实现自我价值。

### 四、现代学徒制下学生管理的思路

#### （一）班主任队伍建设

首先，要对教职员工的队伍进行建设，教职员工队伍建设对于提高高职院校学生效果具有非常重要的推动作用。班主任是学生管理中的核心人物，发挥的作用是非常强大的。优秀的班主任不仅能够正确引导学生，还可以将学生培养成为职业素养高、知识牢固的人才。在高职院校的教育工作中，教育制度应以职业指导为导向，设立明确的学习目标。但是由于高职院校的学生基础较差，如果不具备高素质的职业素养，很难了解学生在学习工作中的发展状况。班主任在明确学校的管理制度之外，还要明确企业的用人制度岗位需求。教育部门对于班主任的建设往往采用聘用制聘用技能专业高的高素质人才，这样有利于将职业道德素质和人才素养培育结合起来，通过对学生的有力指导，强化高职教育的实际效果。

其次，应将现代学徒制的工作观念渗透到教学制度改革中，展现以学生为本的人才培养新观念。现代化新形势下，学生在学习过程中树立全新的理念是非常关键的。应将理念的培养贯穿到学生管理工作中，尊重学生个体和个性的发展需求，接受学生不同个性差异，将学生的创造力发挥出来，将个性化管理和共性化管理结合到学生的管理中，通过对学生的统一管理，承认学生的兴趣能力和个性，有针对性地因材施教，对学生的潜力进行充分挖掘，建立现代模式的管理制度，对学生进行相应的培养。高职院校必须在管理过程中，将培养学生和树立各种职业道德素养作为重点培养目标，充分体现出职业导向企业人才等观念，培养学生品德高尚良好的职业素养，并且要求学生具有非常高的组织纪律性；同时学校和企业要采取规章制度和安全教育等方式，强化学生的自我保护意识，避免在企业工作过程中发生安全事故。

（二）指导老师队伍建设

在现代学徒制模式下的顶岗实习操作过程中，需要加强指导老师队伍建设，才能及时发现问题，及时协调处理问题；才能有效推进个性制度的落实等。指导老师队伍建设一般包括两个方面：一是学校的顶岗实习指导老师，这些指导教师来自学校，对学生的学情有着较为深刻的认识，能够与学生很好地沟通与交流，这类指导老师一般都是专业指导老师；二是企业指导老师，这部分指导老师往往是企业的技术骨干，是学生跟岗或顶岗实习的师傅，根据公司的安排和要求，对学生具有一定的指导工作任务。

如果要想更好地培养学生，尽快适应工作岗位的需求，一般需要设计配套的制度来推进师傅带徒弟的工作，包括具体工作内容的设计、师傅带徒弟的补贴制度、师傅带徒弟的任务考核等。只有这样，在校内外两位老师的共同指导下，学生才有可能尽快适应岗位需求。

（三）薪酬绩效制度

薪酬绩效制度是现代企业开展工作和有效管理的重要手段和有效保证，对于学徒制的学生和指导师傅们也不例外。这里的薪酬制度主要是指指导学生的薪酬管理，包括两个方面：一是师傅的指导费用与考核，二是学生的费用与考核。通过对师傅的绩效考核，可以提升师傅对指导学生的责任心；考核学生，可以激发学生的内在劳动意识，促使其尽快适应工作岗位。如果绩效考核成功，还可以提升学生工作积极性，以及降低学生流失率。对考核不良的学生，公司要以鼓励为主，尽量控制处罚型考核。

**五、以某包装印刷班进行现代学徒制实验试点为例**

该包装印刷班作为现代学徒制实验试点班，将学生纳入企业培养环节中，与省知名企业深度合作，强化企业的学生和学徒双重管理，通过深入学徒制办学，传统的职业教育管理模式得到了完善，取得了很好的效果。首先采用班组化管理模式。在现代学徒制教学模式中，学生是具有企业员工和学生双重身份的。班组作为企业中基本的组成单元是企业管理的，因此班级采用班组化的管理制度，要求学生在班级学习中也要实行企业实践的学习。

同时在企业实习期间也要进行学校的理论学习，贴合企业的实际需求，将班级作为最小的单元进行模拟，每个班组设置班组长，班组成员要根据企业车间的实际需要进行合理的搭配。班组长由成员选举出来，具有奉献和吃苦耐劳精神，能够做好领头人。具体工作内容包括考勤、卫生、管理组员、动态考核等内容，直接受班主任和企业分管师傅的领导。

第一，建立学生考核评价制度。例如，学生学徒制评价制度，由学校和企业双方共同制定，建立相应的考核评价机制，反映学生和学徒的学习和工作状态。

第二，建立成长档案，对学生学徒的成长信息进行记录。例如，日常表现考勤情况，完成工作量的情况。通过学徒学生的评价体系，完成对学生和学徒的考核，并进行量化积分。采用科学评估的方式，评估学生和学徒的学习和实践能力。

第三，充分利用网络平台，构建成现代化学习环境和实习环境。教师可利用网络了解学生和学徒的学习情况，并通过微信平台、QQ群等联系方式，为学生打造一个能够沟通的新平台。班级学生在平台上可以互相交流、提问问题，班主任应做好指导和引导工作。

## 六、小结

通过现代学徒制中学生学徒管理模式的展开，学生能够做到严格纪律、团结向上、工作认真。实践证明这种管理模式应该积极地执行下去，才能得到很好的效果。高职院校采取现代学徒制的管理模式，可为今后的职业发展打下坚实的基础。在管理工作中，高职院校需要不断更换管理观念，为学生的各项发展做好服务，密切联系企业，了解现代化企业的用人需求，与时俱进地培养出更多具有专业技能的复合型人才。

## 第五节　现代学徒制模式下的校企教师互聘

随着社会经济的不断发展，市场对人才的需求量不断增多，对人才的质量要求也越来越高，要求他们除了具有专业的知识基础，还要具有较高水平的专业技能以及专业素质。为了满足市场对人才个性化的需求，高校在培养学生时，就需要及时了解市场对人才的需求形势，及时调整教育方案。当前阶段，现代学徒制的应用，有效解决了企业与院校教育有效融合的问题，有效实现了企业专门"制定"人才培养目的。现代学徒制的应用，可以促使学生专业培养与企业的需求形成有效衔接，学生的课程内容与企业标准形成有效对接，在提升学生知识水平基础上，有效培养了学生的专业素质以及技能。

## 一、现代学徒制校企教师互聘互用的必要性

### （一）现代学徒制的应用有效提高了教师的素质

随着高等职业教育的不断深入，对现代学徒制培养目标以及专业课程结构设置具有一定创新要求。对院校的教学内容、方式以及教学技术提出了更高的要求。这就对教师的工作提出较高的要求，它要求教师要具备一定的职业经验，还要求教师要掌握一些高职教育的手段，除了传授学生专业知识，更多的是传授专业技能，使学生以后能够更好地与企业工作标准进行对接。

### （二）师资队伍建设是人才培养的基础

师资建设是实现现代学徒制高素质技能型人才培养的关键，无论是课程的教学还是人才的培养，基本的出发点还是教师。现代学徒制的校企合作要不断创新用人机制，要培养出一批能够适应现代学徒制的高素质师资队伍。与此同时，校企双方还要实现人才资源的共享，不断优化教师结构，有效提高教师的专业技能水平。因此，为了实现现代学徒制就必须建立有效的师资培养管理机制。现代学徒制的应用，进一步深化了企业与学校的深度融合，师资队伍建设是实现校企合作的关键，对于高素质人才的培养具有重要现实意义。因此为了满足企业对技能人才的需求，培养一批适应现代学徒制的高素质师资队伍是十分必要的。

## 二、当前阶段实施现代学徒制存在的不足

### （一）现代学徒制的相关法律规定比较落后

我国实施现代学徒制的时间还不长，虽然政府通过一些媒体对现代学徒制进行报道，有效表述了现代学徒制价值以及作用，但是目前我国现代学徒

制的发展仍处于比较落后的状态，远不如一些发达国家。当前我国的一些行业协会并没有参与院校现代学徒制的试点中，主要原因有两个：一是我国一些高职院校在实施现代学徒制的过程中仍然处于试点阶段，二是我国行业协会自身的建设不健全，不能有效发挥其作用。我国的一些行业协会基本上是从行业主管部门分离出来的，无论是人员配置还是其他方面，缺少一定的独立性，不利于其作用的发挥。

### （二）师资队伍建设不能适应现代学徒制的要求

虽然很多高职院校已经意识到构建以及实施现代学徒制的重要性，与此同时也有很多院校参与现代学徒制的试点，但是其整体效果还不是很理想。其根本原因在于师资队伍的建设不完善，不能有效满足现代学徒制的个性化需求。在实施现代学徒制的过程中要安排专业的教师对其进行指导，这样才能更好地指导学生，这样的教师一般都具有比较丰富的教学管理经验，掌握了丰富的教学规律，但是这些教师一般都是从师范院校毕业经过实习后直接进入教育行业，缺乏企业工作经验，对具体的岗位实践以及工作要求不熟悉。因此就需要重视院校与企业之间教师互聘互用的管理机制。企业的师傅虽然动手能力都比较强，经验也比较丰富，但是很多师傅文化水平有限，对学生进行培养时缺乏一定的耐心，再加上企业对学徒制不重视，致使一些激励措施不能有效落实，因此很难将现代学徒制的作用发挥出来。比如在一些接触车间的学会中实行学徒制，他们的师傅一般是由车间自己选定，这些师傅的责任心和专业技能水平都不相同，有的师傅为了赚取钱财，就让学徒帮助自己完成分内的工作任务，占用了学生很多的学习时间，这样学徒制的实施就没有任何意义了。如果让院校的教师去车间教授企业员工理论知识，由于理论知识与实践会有差异，院校老师没有丰富的工作经验，只是按部就班的讲解理论知识，遇到工作实践问题不能及时解决，不能获取企业员工的完全信任，也不利于校企双方现代学徒制的实施。

## 三、现代学徒制校企教师互聘互用机制探索

### （一）现代学徒制师资建设内涵

现代学徒制是企业、行业参与职业教育，对人才进行培养的新模式。这种模式的教学任务是由院校专业教师和企业兼职教师共同完成的，应通

过探索校企双方师资培养机制，进一步夯实双导师的师资队伍建设工作。建设一套以企业资深工艺大师为核心，以技能导师和师傅为骨干的师资队伍建设机制，有效提高高职院校现代学徒制的办学质量以及办学水平。现代学徒制要想实现培养高质量技能人才的目标，最关键的在于师资队伍建设。现代学徒制校企双方合作必须创新用人机制，建设一支无论是数量上还是质量上都符合现代学徒制的高素质师资队伍。现代学徒制的校企双方还应该实行人力资源共享机制，不断优化校企双方的师资结构，有效提高专业教师的技能水平。因此，建立校企师资互聘互用的机制是实现现代学徒制的有效途径。

（二）现代学徒制校企双方互聘互用师资

学校需要进行现代学徒制的试点，需要校企双方共同完成这一任务，双方的互惠可为建设校企互聘公用的师资队伍奠定基础。在专业教师队伍建设上，应采用校内外培养的结合方式，双方共同建立培养"双导师"。校内的老师应在企业参加行业培训，以及时了解最前沿的行业动态，充分了解行业的发展动向，每次派出几位教师到企业去学习锻炼，让老师参与企业管理以及技术操作，这样教师就可以把从企业学到的内容带进课堂，进一步提高教学的实用性。与此同时，还要聘请具有扎实理论知识和丰富管理经验的企业管理人员作为企业师傅参与校方课程的制定以及校内实践教学的建设中。在校企双方的相互融合下，在培养专业教师方面，还要借助双方平台的优势，相互提高各自的专业水平，培养一批既有理论知识又有实践经验的师资骨干，实现高素质技能人才的培养目标。

（三）现代学徒制校企师资管理创新机制

基于现代学徒制的人才培养离不开高素质的师资队伍，学校对企业的依赖度较大，因此保证企业教师的数量、质量的稳定显得尤为重要。现代学徒制实施专业教学管理体制与人才培养体制的综合改革，形成一套能够适应现代学徒制的科学而又具有特色鲜明教育教学管理机制，还要提高教师的审核机制，要求教师不仅具备扎实的理论知识，还要具备一定的实践能力。因此要改进现有的教师管理体制，对教师管理进行机制创新，调整与现代学徒制相符的薪资制度，促进校企双方的可持续发展。

## 四、小结

本节通过对现代学徒制校企教师互聘互用管理机制进行研究，提出要想更好地实施现代学徒制就必须创新师资管理机制，建立一支理论与实践经验都丰富的师资队伍，进一步深化校企深度融合，促进校企双方教师发挥各自优势，实现共同的人才培养目标，推动高职教育事业的稳定发展。

# 第六节　基于现代学徒制模式的考核方式辨析与实践

考核方式和评价机制是现代人才开发和人才评价中最为重要的环节之一。积极探索和分析不同的考核方式和评价模式，并根据职业教育过程中的专业特点、课程性质、学生素质等分类别进行选择性考核尤为重要，甚至在某种程度上可以获得事半功倍的教学效果。

## 一、现代学徒制概念认识

现代学徒制的定义与传统的学徒制有一定的差异，事实上是传统学徒制与现代职业教育有机结合的一种新模式。

其学习的过程中，既要考虑到学徒的学校效果，完成一知半解到具有一定职业能力的职业人的培养过程，也是一个理论与实践有机结合的过程。因此，职业技术学院在推行现代学徒制的过程中一般需要注意以下几个方面：

一是，实习的企业和实习的岗位与实习学生是否专业对口，是首先要考虑的。一般会选择专业对口的企业和岗位开展现代学徒制实习。

二是，实习岗位的内容是完全作为单一的操作人员还是有一个相对系统或多岗位培训的过程。该项项目也是作者所在单位推行现代学徒制时充分考虑的内容和要求。

当然除了这些基本的要求外，还有诸多其他措施确保推行现代学徒制的质量，比如是否配置校内外指导老师、是否有轮岗的安排、是否有理论与实践相结合的学习过程等。只有一系列的配套措施才能有效地推行现代学徒制，而不会将学生当成单一的学徒。

## 二、评价模式

在现代学徒制推行和实施的过程中，完善人才培养机制是高质量人才开发的重要环节之一。如何有效、正确合理地考核和评价技能人才培训和学习效果更是保证整个实施过程质量。现代学徒制模式下的学习方式和传统的学习方式存在一定的差异。传统的学习方式往往更多的是在校内完成，偏重于理论学习，而现代学徒制下的学习方式，更多的是半工半读的学习模式，很大程度上承担着一定的生产任务，往往是基于工艺过程和质量过程的操作型学习甚至工作。如果此时还是采用传统意义的考核方式，显然评价不够合理，效果不够突出，因此开发一套能够适合学徒制模式下的考核评价方式尤为重要。

现代学徒制教学模式与传统的职业教育相比，更加强调实践能力和职业能力的培养，因此在考核和评价的过程中，必须以能力考核为核心，实施多方法、多途径的评价。教师在考核的过程中，应该更注重学员的学习工作态度、岗位适应能力、岗位工作能力以及岗位团队关系等。在考核的过程中必须充分考虑到学员的工作经历、工作环境等多种因素，选择更加灵活的考核方式。目前常见考核方式有现场观察、现场操作、口试、证明书、第三者评价、面谈、自评、提交案例分析报告、书面答卷等，且考核成绩证据多样化。根据国内现行试点的现代学徒制的办学模式，一般是1:1或者2:1的学校和企业或实训车间学习。在学校学习理论，可以按照传统方式进行考核，并且操作体系较为成熟。而在企业和实训车间进行学徒制学习的模块考核就相对比较复杂，由于不同的同学可能存在岗位不同、上班时间不同、工作任务不同等一系列的差异，如果还是按照传统的集中考核，一方面给必须中止或暂停学习，另一方面考核也未必能够体现出学徒期间的岗位工作能力，反映实际学情。因此，在此背景下，可以仿效澳洲职业教育（TAFE）考核模式，由专业考核团队到学生工作岗位现场，采用现场观察、现场操作、工件制作等多种考核方式，对正在岗位工作的学员现场观察其岗位工作能力、协调能力、设备操作能力等；也可以选择现场操作考核方式，要求被考核的学员在现场生产加工某个零件、操作某台（套）设备等，最后根据其操作步骤和生产加工产品的品质状况等进行评价。当然，评价者需要制定与之相符的考核体系或者考核标准。

现场考核的不足和缺陷：现场考核往往容易由于学员工作岗位的差异造成考核结果差异。不同岗位技术难度和学习适应时间等不同，如果采用同样的评价标准考核不同岗位或是同一岗位不同难度的产品加工等，都会造成考核结果差异。

### 三、考核与实施

#### （一）构建考核教师团队

为了实现高质量、高效率以及公平考核，合理构建考核团队是成功实施考核的关键要素之一。一般考核团队应由学校专业的授课老师、专业主任和企业责任心强、有一定教学能力的技术指导人员组成，最好能有行业或企业的管理人员参与。结构合理的考核团队能够保障学徒制的实习质量，同时具有一定的全面性和公平性。

#### （二）考核评价细则和分值权重

考核内容设计包括：学员学习态度、岗位理论知识学习和掌握程度、实践技能的掌握程度以及其他非常规性考核等，具体见表4-2。

（1）学习态度。学习态度是考核内容的第一环节，也是整个学徒过程中的重要评价环节之一。该部分主要是针对学生在岗位学徒期间的学习态度进行考核，主要包括基本学习态度、出勤状况、团队关系、实习表现、工作效果等。该部分内容是整个学徒期间的关键考核指标之一，一般权重占40%。

（2）岗位实习理论知识掌握程度。现代学徒制和传统学徒制的重要差异之一，就是除了学习专业技能之外，还需要掌握必要的专业理论知识，这也是现代职业教育的关键环节之一。一般认为专业理论知识的掌握标准以够用和实用为基准。当然在具体执行的过程中应该依据人才培养方案的预定要求实施。岗位实习理论知识的学习也是保证学生在学徒制的学习过程中不会完全被当作"免费劳动力或者简单普工"的有效保证。该部分的考核权重一般占总评价的30%。

如何在实施的过程中保证学员能够获得实用够用的理论知识，需要推行现代学徒制的学校和接受学徒的用工企业开发一套相对完善的学徒制管理制度和执行计划，并在学徒制合作协议上明确，否则在实施的过程较难保证，主要是用工企业和学校在学员的培养和使用的定位方面存在较大的差异。企业的目的往往是充分利用学徒，长时间、高质量地完成生产任务，获取更多的效益，尤其是规模不大的民营企业；而学校则希望学员在完成一定的工作任务之外，需要有组织地进行必要的理论学习和工作交流，甚至是轮岗学习等。如果在这方面处理不妥当，校企合作推行现代学徒制往往会流于表面形式，甚至破裂。

### 表4-2 现代学徒制考核表

（ ×× 学校）现代学徒制考核表

| 专业： | 班级： | | 姓名： | 实习时间： | |
|---|---|---|---|---|---|

| 实习单位 | | | | 实习岗位 | |
|---|---|---|---|---|---|
| 企业指导老师 | | | | 学校指导教师 | |

| | | 项目 | 自我鉴定 | 校内老师评价 | 企业指导老师 |
|---|---|---|---|---|---|
| 学习态度（40分） | | 基本素养、工作态度、团队关系（10分） | □优□良<br>□一般□较差 | □优□良<br>□一般□较差 | □优□良<br>□一般□较差 |
| | | 出勤情况（10分） | □优□良<br>□一般□较差 | □优□良<br>□一般□较差 | □优□良<br>□一般□较差 |
| | | 实习表现（10分） | □优□良<br>□一般□较差 | □优□良<br>□一般□较差 | □优□良<br>□一般□较差 |
| | | 实习手册、报告、信息反馈等（10分） | □优□良<br>□一般□较差 | □优□良<br>□一般□较差 | □优□良<br>□一般□较差 |
| | 考核教师（师傅）签名： | | | | 日期： |
| 岗位实习理论知识掌握程度（30分） | 考试内容 | | | | |
| | 考试成绩 | | | | |
| | 学校指导教师签名： | | | | 日期： |
| 岗位实习专业技能掌握程度（30分） | 考核岗位：<br>考核内容：<br>考核方式：<br>考核时间：<br>考核地点：<br>考核项目难度系数： | | □优　□良　□一般　□较差 | | |
| | 考核教师（师傅）签名： | | | | 日期： |
| 其他得分 | | | 考核教师（师傅）签名：<br><br>日期： | | |
| 备注说明 | | 优：10分　良：8分　一般：6分　较差：4分 | | | |

（3）岗位实习专业技能掌握程度。同学们经过现代学徒制的培训和岗位锻炼，在校内外老师的指导下，经过一段时间的学习和锻炼，一般情况下，能够初步掌握一定的岗位技能和操作能力。因此，在学徒制考核的过程中，考核与专业有一定相关性的专业技能掌握效果是非常有必要的。当然考核的方式可以是多样的，比如：1）现场观察法。专业教师结合考核标准，在同学们在岗期间，进行现场跟踪观察和考核，通过对学生在岗位上的实操情况，了解其业务掌握效果，评判其学徒制期间的实践效果和专业技能掌握效果。2）交流沟通法。通过与实习的学习现场沟通或其他方式沟通，了解其岗位内容，掌握情况等。其次可以通过与其企业指导老师或车间主管等沟通和调研，了解学生的实习情况，以便对该同学进行考核和评价。3）作品或项目考核法。通过对实习的学生完成的作品或项目等进行评价和考核，以评价学生的学习效果。4）当然除了以上提到的考核方式，还有其他的途径，只要能够有效反映学生的实习效果和工作能力的材料均可以作为评价的依据。

（4）其他情况。学员在企业学徒期间，出现了以下超常规性的内容，最后考核时可以根据具体的表现计为附加分，比如见义勇为、发明创造等。当然附加分可以为正，也可以为负。

（三）考核和结果处理

在学徒制实习任务要结束的时候，考核团队需根据《（××学校）现代学徒制考核表》对每位学员进行考核。考核内容主要包括学员学习态度、岗位理论知识学习和掌握程度、实践技能的掌握程度以及其他非常规性考核等。最后完成成绩的评定与公示。另外在学员进行学徒制学习的最初阶段，指导教师需要将考核具体方案、评价指标和企业的厂规厂纪等通过培训等方式让每位学员都能够了解，确保后续实习稳妥开展。

## 四、小结

现代学徒制有利于促进行业、企业参与职业教育人才培养的全过程，更好地实现专业设置与产业需求对接、课程内容与职业标准对接、教学过程与生产过程对接。然而现代学徒制的实施与推行并非一帆风顺，并不是每个学校、每个专业都适合，涉及因素较多，包括区域经济、行业背景、企业理念以及学校资源等。希望更多的职业学校能够尽量创造条件开展现代学徒制改革，为社会培养更多、更有用的技能型人才。

# 第七节  "工匠精神"辨析
# 及在高职印刷包装专业中的应用

近几年，国家领导人多次在不同场合下提及到弘扬工匠精神，培养更多中国特色的大国工匠。部分领导人也谈到了职业教育与工匠精神的培养等相关内容。

事实上，随着近代和现代我国制造业的崛起，具有"工匠精神"的高技能人才日益增多，也在潜移默化地影响着人们生活和生产的方方面面。当然，具有工匠精神的高技能人才的数量与质量与我国快速发展的经济需求和要求还有一定的差距，也是职业技能院校今后努力发展的重要方向。

## 一、国内外研究现状

（一）国内研究现状

2016年3月、4月和9月《中国人力资源社会保障》先后刊登了题为《为重塑工匠精神叫好》《社保大家谈：筑巢引凤，守望"工匠精神"》和《深入推进国家高技能人才振兴计划》等文章，这些文章系统地阐述了我国在"十三五"期间深入推进国家高技能人才振兴计划的若干事项。从国家层面阐述了该事项的工作目标、条件要求、工程程序及经费保障等，重点谈及了通过培育技师、高级技师、技能大师等推动师傅带徒弟的模式传授技艺并给予配套项目支持和专项经费支持。

在国家层面日益重视具有工匠精神的技能人才培养的氛围下，国内许多学者也对相关概念和内涵进行了探索与阐述，如广东省就业促进会副会长陈斯毅在2016年9月《南方日报》上刊登了《培养具有工匠精神的创新型技能人才》，山东省社会科学院哲学研究所张培培在2016年9月《中国社会科学报》上刊登了《创新：工匠精神的时代内涵》等文章，诸多国内专家学者都非常明确地肯定了具有"工匠精神"的高技能人才的重要性，也提出了若干的见解，但是详细分析如何在高职院校导入"工匠精神"的技能人才培养路径及考核评价的相关报道较少。

（二）国外研究现状

通过资料查询显示，国外对工匠精神研究和落实较好且具有代表性的国家主要有德国和日本。

德国的职业教育常被人视为德国经济发展的"秘密武器"。高质量的技工来自"双元制"职业教育，此外德国职业教育还有一个高级继续教育阶段，这两个教育形式组合为德国培养了大量优质的技术人员。德国职业教育专家克劳斯·比尔申克透露，德国的职业教育之所以如此吸引人，在于德国各行各业的技师收入可观，在社会上的地位与学士相等，同样受人尊重。比尔申克本人也是从学徒起步，然后通过重返大学学习先后获得工程学士学位以及职业教育硕士学位，如今是汉诺威地区第六职业教育学校的一名高级教师。类似的还有日本的技能人才培养模式。

目前，"工匠精神"的技能人才培养状况在国内外还存在一定的差异，以德国和日本为代表的发达国家，不仅仅停留在理论研究上，而且通过不同的职业模式和路径早已落实在职业教育的全过程中，并已经形成了良好的社会氛围和经济驱动力。而国内也已经开始重视，在具体的实施方面也取得了一定成绩，但在部分细节方面还有待改进，比如，如何在高职技能人才培养过程中引入"工匠精神"的教育新模式和考核评价体系等方面。

## 二、"工匠精神"的内涵

"工匠精神"是当下社会的一个热词，不断创新，建设创新型国家，建成制造强国，需要发扬"工匠精神"，但什么才是真正的"工匠精神"呢？百度词条显示："工匠精神"是指工匠对自己的产品精雕细琢、精益求精的精神理念。工匠们喜欢不断雕琢自己的产品，不断改善自己的工艺，享受产品在双手中升华的过程，追求完美和极致。新时代为工匠精神赋予了更加丰富的内涵，这也象征着精益求精、严谨、专注、坚持和敬业。

（1）精益求精。注重细节，追求完美和极致，不惜花费时间精力，孜孜不倦，反复改进产品，直至产品质量不断提高。

（2）严谨，一丝不苟。不投机取巧，确保每个部件质量，对产品采取严格的检测标准，不达要求不罢休。

（3）耐心、专注、坚持。不断提升产品和服务，在专业领域里不会停止追求进步，优化材料、设计、生产流程等，直至最佳。

（4）专业、敬业。工匠精神目标是打造本行业最优质的产品，其他同行无法匹敌的卓越产品。

## 三、高职技能人才培养与工匠精神的关联性研究

目前国内职业教育在技能人才培养的过程，非常重视学员的专业知识、操作技能等，而在职业素养、职业态度和职业精神等方面培养力度略显不足。事实上，行业企业在使用技能人才的过程中，更加需要后者，因为态度决定一切。因此在高职人才培养的过程中导入"工匠精神"的新模式值得探索，也非常有意义。

现代职业教育改革在诸多学者和专家的努力下，不断学习国内外先进的教学方法和教学手段，采用了诸多新的教学模式，包括现代学徒制模式、（2+1）模式等。诸多新模式都是为了改革过去学校为主体的单一教学模式，采用学校+企业的半工半学的培养模式，其目的就是改革单一的学校职业技能学习，将学校培育的"毛坯"人才融入到企业中，进行实战培养。在整个技能人才培养的过程中，职业素养、职业态度和职业精神的培养至关重要。

社会要转型，产业要升级，国家要从制造大国升级为制造强国，需要更多拥有"工匠精神"的技术技能型人才作为支撑。高职是高技能人才培育的重要阵营，除了要传授专业技能外，还应培育学生使其具有良好的职业理想、职业态度和职业操守。在此背景下，课题组计划以学院部分专业或专业群为研究样本，通过修订人才培养方案，完善通识教育课程体系、改革实训教育环节及评价模式等，引入"工匠精神"素质教育和职业精神教育，针对部分综合实训课程、顶岗实训课程，综合采用"学习态度+业务能力+创新能力+学习成效"相结合的综合评价机制。只有通过评价方式倒退学习方式和学习态度，同时通过学院一系列的配套和引导政策才能真正地做到具有"毛坯"的"工匠精神"技能人才，将来在社会氛围的熏陶下，成为真正具有"工匠精神"的高技能人才。

## 四、"工匠精神"在高职技能人才培养中的实现路径

（1）重新审视"工匠"地位。鲁班等工匠大师以其独特的工匠技艺奠定了竹木匠、石匠、泥瓦匠及其古代建筑文明的基础，影响并发展了几千年的

建筑行业与建筑文化。但国内高职仅有几个学校开设木匠、石匠、泥瓦匠的专业，而在发达的澳大利亚 TAFE 学院不仅有此类专业，而且办得很好。因此，小到学校，大到国家层面必须引导学生重新审视"工匠"的作用和地位，适当调整招生政策和专业评价政策。

（2）传授完整产业链知识与技艺。"工匠精神"是学生在职业岗位上和从业过程中养成的，从业需要相关知识、技术、技能，培育"工匠精神"比养成其他职业素质除了需要一个耐得住寂寞的心态，还需要更多的知识、技术和技能。为此，要让学生了解完整的产业链知识、技术、技能。

（3）请技能大师、名师指导与熏陶"工匠精神"。邀请名师、技能大师、能工巧匠参与培育"工匠精神"是一条行之有效的途径。学院应创造条件邀请和培育更多的名师、技能大师，通过报告、实训指导、生活关怀等方式宣贯、传教和熏陶学生的职业观，在指导和交流中潜移默化。

（4）引导淡泊名利与快乐追求的精神境界。引导学生在学习专业技能的同时，养成良好的职业素养，同时要有长远眼光，不要过于计较眼前的得失，或是缺乏高远的追求。不肯在时间上、精力上、经济上有所付出和牺牲，在技艺研磨的过程中就容易发生动摇和退却，很难取得成功。

## 五、"工匠精神"在高职技能人才培养中的实现模式

### （一）专业课程中融入"工匠精神"

高职教育与本科教育相比，更加注重学生职业技术技能的培养，但是缺乏培养学生的职业技能文化，大部分人认为，读高职的目的是学一门技术技能，因此要想把"工匠精神"引入到高职教育中，就必须在人才培养方案中融合"工匠精神"，体现"工匠精神"。学校应结合高职生的特点，在日常的教育活动中融入"工匠精神"，将思政教育、就业创业教育融入职业教育中。对各专业在学生"工匠精神"的培养上就提出了新的要求，各专业需要结合专业特点，积极探索"工匠精神"与专业的结合。

温州龙港称为"中国印刷城"，包装印刷专业在温州地区的高职院校具有较强的行业背景，在包装印刷专业倡导"工匠精神"，就是让学生在最开始接触专业课程的时候就对包装印刷相关职业怀有敬畏之心，将"做专、做精、做细、做实"的工作理念融入今后的职业生涯。

培养学生"工匠精神"，需要结合专业课程体系，将"工匠精神"在每

门专业课程中得以体现。应结合包装印刷行业特点，并根据本校高职学生的学生特点，进行学情分析，进一步改进和完善人才培养方案，将培养"工匠精神"融入专业课教学，向学生传授职业技术技能的同时培养学生的职业技能文化，使学生进入工作岗位后能做到对待产品精益求精，对待工作耐心专注、专业敬业。

高职教育应注重学生实践能力的培养，包装印刷专业的职位岗位以包装印刷设计与生产为主，更应注重实践能力。在包装印刷专业课程教育中，要加强实践能力的培养，通过相应的实训和课程设计等活动，强调"工匠精神"，培养学生对包装印刷专业的热情和严格要求的敬业精神。专业教师在教学的过程中，要以身作则，给学生树立榜样，率先践行"工匠精神"。在教学中，可以将企业中的"匠人"请进课堂，通过他们对专业的分析与实践探索去潜移默化地影响学生。

(二) 综合实训中深化"工匠精神"

"工匠精神"与制造业是紧紧联系在一起的，需要通过专业实践将"工匠精神"内化于学生的行为中。专业实践除了包括每学期末为期两周的课程实训外，最重要的是设置在大三上学期的为期 8 周的综合实训。综合实训的教学中，应根据工作实际，模拟实际工作任务，使学生通过查阅资料，整合三年来所学的专业知识，进行设计生产，独立完成实训作品。

在实训周期间，学生应按时上下班，并按时与老师进行沟通，对方案进行反复修改与完善，精益求精。以产品的结构设计综合实训为例，模拟实际工作任务，根据客户公司产品进行多方案的结构设计，对结构设计要追求创新与原创性，对尺寸设计要追求细致、精益求精，多位教师负责技术指导，检查任务完成的进度，对多方案进行点评与选择，最后学生再针对最终的方案进行优化设计，并完成实物的生产制作，最终确保高质量完成实训任务。在综合实训周期间，当学生专注做一件事，投入精力、认真专注，注重细节的优化，把它尽可能的做到最好，这就是"工匠精神"的一种表现。通过这种方式，可以使学生更好地体会"工匠精神"的内涵并去践行"工匠精神"，真正地将"工匠精神"转换为自己的职业素养，提高学生"工匠精神"的培育质量。实训虽然模拟了实际的工作环境与工作流程，但不能完全取代企业实习，因此，还需要学生进入企业进行顶岗实习，感受真实的企业文化。

### (三) 校企合作中强化"工匠精神"

培养学生的"工匠精神",高职院校需要做出努力,但这些只是学生"工匠精神"培养中的一部分,因为学校创造的环境还是以教师传授知识、学生学习知识为主,并不是真实的企业环境,没有达到真正的生产运营,这就需要企业的参与,通过校企合作,让学生去企业顶岗实习,从课堂走入真实的工厂,置身于真实的生产运营。通过学校和企业共同参与管理,培养学生的"工匠精神"。

在进行校企合作的过程中,需要学校和企业主动承担培育工匠的任务。在温州地区,包装印刷专业具有很好的地域优势,企业很多,这就给学生的顶岗实习和校企合作的深化提供了便利。通过走访企业发现,目前大部分企业对员工的要求不仅仅停留在具有相关的职业技能上,还需要员工拥有较高的职场情商和工作责任心,能更好地与企业融合。企业认为员工只要具备了一定的专业知识,职业技术技能是可以在企业实际工作中慢慢培养起来的,而缺乏职业文化素养的员工在企业中是很难成长起来的。包装印刷专业学生多年的顶岗实习和学生就业现状证明,具备良好"工匠精神"的学生更受包装印刷企业的青睐。

在企业顶岗实习的过程中,专业教师应深入到企业,参与学生的管理,确保校企合作的正常进行;同时应让企业参与课程设置、教材编写、实践指导等校内教学工作,通过学校、企业的优势互补,培养出符合行业企业需要的高技能高素养人才。通过对近年来包装印刷专业校企合作的过程进行分析可以发现,与合作企业共同培养学生职业素养方面做得不够,目前校企合作还只停留在大三的顶岗实习上,在学生前两年的教学中缺少去企业实习的时间,今后的教学应该借助包装印刷企业这一平台,结合教学课程,多把学生送到企业中,进行参观、实习,让学生在真实的工作环境中感受企业文化的熏陶,在真实的生产经营环境中参与生产,认识工作流程与工作的严格要求,重视企业的利益,明白生产过程中不仅仅有正品和盈利,还存在废品与赔本,这与工作态度是息息相关的,而只有认真负责、踏实细心才能提高正品率,这样会加深学生对"工匠精神"重要性的理解,教师和企业再加以引导,学生的"工匠精神"就会有质的飞跃,校企合作在"工匠精神"的培养中的重要作用便得以发挥。

（四）现代学徒制模式的探索

在积极探索深化校企合作，搭建工匠培育平台的基础上，目前，各职业院校纷纷开始探索现代学徒制的人才培养模式。"工匠精神"最早是在古代工匠的身上体现的，古代工匠专心干好一行，潜心修研、日积月累，终成一代大师，比如说鲁班。俗话说"三百六十行，行行出状元"，行业不同，分工不同，行行都有工匠，在古代这些工匠的培养多数是通过学徒制。在现代教育中，也可以采用"师带徒"的形式，通过师傅的言传身教，加强学生动手能力和实践能力的培养，学生在学习技能的同时，被师傅"工匠精神"魅力吸引与感染，无形中"工匠精神"便得以培养，这是一种"工匠精神"的传承。

将学徒制延伸到高职教育中，可借助于企业平台，采用学校与企业对接，教师和企业师傅通过学校和企业共同传授职业技能，帮助学生养成"工匠精神"。在具体的实施上，可将学徒在校学习时间进行缩短，将课堂延伸到企业中，学习时间做到学校和企业相同，校内实现情景化教学，企业进行学做一体化，培养学徒的技术技能和职业素养。现代学徒制的实现，离不开前期校企合作的共建，是校企合作的进一步深化，让校企合作不仅仅停留在大三的顶岗实习上，扩大校企合作的范围。同时，现代学徒制使学生同时接受校园文化和企业文化的熏陶，在校园内，学徒通过相关课程的学习，塑造自身的精神素养，具备"工匠精神"的内涵；在企业中，学徒感受真实的企业文化，规范自己的行为，对技术精益求精，践行"工匠精神"，更好地实现自我价值，升华"工匠精神"。

工匠承载着中国制造业的发展与未来，包装印刷行业的发展需要"工匠精神"，在人才培养中需要重视学生职业精神，特别是"工匠精神"的培养，形成具有本专业特色的"工匠精神"培养体系。职业教育是以服务为根本，以就业为导向的教育，只有重视"工匠精神"的培养，扩大"工匠精神"的影响范围，通过多种途径把学生培养成行业里的工匠，为国家、行业、企业输送技能素养兼备的人才，才能更好地促进行业的可持续发展。

## 六、小结

工匠是社会发展的基石，代表着精益求精、严谨专注、坚持和敬业，"工匠精神"则是社会持续发展的精神脊梁，也是职业教育培养技能人才的努力方向，需要更多的人关心与投入。

## 第八节　黄炎培职教思想对新时代工匠精神培育的影响与启示

### 一、引言

党的十九大报告指出，我国从站起来到富起来，再到强起来，新时代中国特色社会主义阶段全面实现中华民族伟大复兴必须拥有一批精益求精的工匠队伍，必须弘扬工匠精神。黄炎培是我国职业教育领域的创始人，也是中华职教社的发起者。至今，黄炎培职教思想的理论体系引导培育新时代工匠精神具有一定的经验指导和深远的实践意义，21世纪中国进入了新时代，但中国高职院校在职业教育过程中如何培养工匠精神还没有形成一套行之有效的职教体系，不仅当时社会教育领域无法望其项背，哪怕如今也成为职教风向标，值得许多专家学者去探究。

### 二、黄炎培职教思想与工匠精神培育的内在联系

政府工作报告多次提及工匠精神，毫无疑问，培育工匠精神的载体就是职业教育，在高职院校职业教育过程中以立德树人的根本要求，以社会主义核心价值观引领职业教育。而黄炎培职教思想为高职院校的职业教育创造了肥沃的土壤，不仅为培育工匠精神提供了职业价值观，而且提供了经验借鉴和培育方法。

（一）工匠精神的培育与黄炎培职教思想的终极目标同频共振

要把我国建设成为社会主义现代化强国，从而实现民族复兴，必须建设现代化经济体系，弘扬劳动是光荣而神圣的，必须大力倡导新时代工匠精神，培育大批知识型、技术型、创造型的工匠，形成从业、爱业和敬业的社会职业风气。

培育具有新时代工匠精神的终极目标就是实现科技强国，要通过科技兴国和强国，就是必须掌握科学知识和技术，当前中国经济逐渐向制造业过渡，那么制造行业的最大需求就要投入大批的工匠精神，为大国重器制造提供强

有力技术支撑和人才支持。《大国重器》中许多技术已经赶超世界一流水平，深海载人勇士号潜水器两米多长机械臂要承受 4500m 深的水压力伸展自如采集生物标本，卡拉奇核电机组外层安全壳穹顶重约 3666t 吊装等告诉我们要拥有世界一流技术，必须拥有一流工匠。《大国工匠》中 8 位平凡而伟大的事迹也同样告诉我们：一个制造业大国不能没有工匠，否则无法建立门类健全、技术完备的制造业体系，中国梦又该从何谈起。

因此，工匠精神的培育与黄炎培职教思想都是必须要求职业教育的学生掌握一技之长，才能充分报效社会，才能更好地为国家服务，两者目标是一致性的，都是体现了科技强国和职业报国的思想，最终实现社会主义现代化强国和中华民族的复兴之路。

（二）工匠精神与黄炎培职教思想的核心理念合二为一

李克强总理曾在政府工作报告中首次提到工匠精神，并与中国制造 2025 融为一体。从此，充分激发工匠精神，调动创业创新积极性，汇聚推动发展科技强国之路。新时代工匠精神也有了一定的内涵要义和认可的社会地位，强国需要"大国工匠"，更需要新时代的工匠精神，营造敢为人先、宽容失败的良好氛围。注重技术才是工匠精神的追求目标，追求卓越更是工匠精神的从业标准，只有精雕细琢的工艺才能缔造完美的产品，在此过程中不断地通过技术改进，最终实现创造创新的成果。

工匠精神的根本所在就是技术上精益求精、产品上质量至上。在技术方面精益求精成为新时代工匠精神的核心理念，在产品方面质量至上成为新时代工匠精神的价值观，只有重视重复实践和精益求精的技术才能显露爱岗敬业和专注从业的工匠，只有追求至上的产品质量服务才能显露乐业乐勤的工匠，只有追求完美极致的工匠体现奉献社会和报效祖国的工匠，可见黄炎培所提倡的敬业乐群、责在人先、团结协作的思想与工匠精神的培育高度吻合，两者在核心理念与价值观方面具有一致性和共同性。

（三）工匠精神的培育与黄炎培职业教育的实践方法一致

技能与实训、实践与理论和黄炎培先生职业教育所提出的学做合一的职教要求，也与黄炎培先生强调的"双手万能、手脑并用"的思想相一致。新时代工匠是通过实践方式以达到其职业目标，只有通过持之以恒的实践过程，才能获得一流技术和一流产品，这种实践观点与黄炎培职业教育思想具有共性。随着社会化结构的分工越来越细，信息技术产业化也日趋明显，通过科技创新使得企业谋求规模化生产，很多行业领域经过整合转型已经运用智能机器人替代人工化生产，实现生产现代化、技术智能化程度越来越高，促进企业产品质量和售后服务提出更高的标准，对工匠技术和技能的要求有了更新更高的定义，也更具有挑战性。

所以，工匠精神的培育更需要新时代工匠的往返循环、重复实践的精神，获取知学合一的境界，在技术方面精益求精，在职业层次追求卓越，才能为我国提供技术精湛的工匠，才能实现制造强国的发展目标，才能拥有更多的大国重器，新时代赋予工匠精神新的核心要义，具备工匠精神应有的职业素质与职业精神，这与黄炎培职教理念具有高度的一致性，黄炎培职教思想也成了工匠精神价值观的风向标。

### 三、黄炎培职业教育思想赋予工匠精神培养的核心要义

#### （一）爱国主义是黄炎培职教体系的核心思想

创办职业教育是黄炎培先生职业报国、实业救国的初心，他提出：一个国家的根本关键在于教育的兴衰，而教育之根本在于职业教育。因此，黄炎培先生把社会责任感和国家使命感作为职业教育的根本目标，教育学生将自身理想和国家命运结合在一起。

黄炎培先生就学生培养提出五种基本的职业修养：一要有纯洁推崇高尚的人格素养；二要有博爱相互协助的职业精神；三要有侠义勇敢战斗的英雄气概；四要有耐劳刻苦专研的求知习惯；五要具有正确和进步的爱国思想。特别是抗日战争爆发后，他认为只有具备五种基本品德的人才配救国，他提出参加抗战救国就应有铁的纪律，更应保持金子般的人格。为了"使无业者有业，使有业者乐业"，为配合抗战救国的需要，黄炎培先生根据当时抗日时期社会实际情况举办各种职业教育短训班，从技术方面培养抗战需求的人才，从政治方面提高受训者高昂的抗战激情，为抗战前线输送各类不同技能人才，在抗日救亡的大业中充分发挥职业教育的作用。

中国屈辱的时代已经过去了，如今成为全球第二大经济体，全面实现中华民族伟大复兴，唯有将高举爱国主义伟大旗帜放在首位。如果一个人违悖爱国主义这一宗旨，培养出来的学生职业技能再好，也不能服务于社会，报

效于国家。

**(二)"敬业乐群"是黄炎培职教思想的重要内容**

敬业乐群始终贯穿于黄炎培先生的职业教育思想体系,这也是黄炎培先生职业教育人才观的重要思想,并成为职业教育的校训。黄炎培先生根据当时社会存在严重的教育问题,毕业的学生目标追求过高,缺乏吃苦耐劳,没有爱岗敬业的精神,因此,黄炎培先生对职业教育提出,一方面授予学生谋生的知识与技能;另一方面注重培养学生报效社会的职业道德情操。

黄炎培先生提出职业教育的第一要务就是服务于社会,要有"利居众后、责在人先"的敬业乐群的职业观精神,要具备高尚情操和群体合作的职业思想。所谓"敬业"就是指对"所习之职业具以嗜好心,所任之事业具以责任心"。也是意味着要培养学生爱岗敬业,做到干一行爱一行,把职业当成一份事业去做,忠于职业操守,拥有职业追求感、职业责任感。"乐群"就是指"具优美和乐之情操,拥有共同协作之精神"。也是意味着培养学生团结协作,有着报效于社会的职业观,黄炎培先生牵头制定了职教的相关标准,将"敬业乐群"的职教思想标准化、具体化,促使学生正确认识职业兴趣、职业美德和职业责任的内涵,养成深化技改、职业创新、科学态度的职教精神。

当前,职业教育的目标就是把职业道德放在重要位置,目的就是教会学生懂得做事先做人,以求谋生和敬业相统一,做事和做人相并举之境界。我国职业教育所倡导爱岗敬业的职业要求,也新时代每位从业者的基本规范,与黄炎培职业教育的职业观相一致,这不仅满足个体基本需求,而且还满足社会需求,从而实现自身价值和职业价值的相互统一。

**(三)"手脑并用、知行统一"是黄炎培职教思想的理念精髓**

"手脑并用""做学合一""知行统一"是黄炎培职业教育思想的主要精髓理念。黄炎培先生强调职业教育不能过于重视理论学习而忽视实践作用,要在学习中动手,在动手中求学,这是职业教育和劳动生产相结合的双重关键性因素。他提出在职业教育过程中一边实践和一边学习,在实践中保持时时刻刻的正确学习态度,利用实践空隙时间求得系统化的知识,获得真才实学。"手脑并用"也是告诉我们教做学一体、知识与技能结合,不能只动手不动脑,更不能一味机械地模拟实训,反而是学而不深,深而不精,无法达到读书与做事相互融合之境。通过理论与实践相结合以实现脑力劳动和体力劳动并举。

学生在理论和实践中通过劳动获得学习的乐趣，陶冶劳动的情操，正确辨别劳动荣辱观，促进职业价值观和工匠精神的培育相统一。今天，我国职业教育还是通过理论和实践达到职教目的，职教改革的重点依然是在两者之间进行平衡，但是黄炎培先生"手脑并用，做学合一"的教学理念为我们职业教育的道路指明了方向，提供了课改的方法论。

### 四、黄炎培职教思想对新时代工匠精神的培育的有效途径

黄炎培职教思想有助于工匠精神的培育，新时代职业教育在大国制造业人才培养中发挥着基础性和根本性的作用，新时代职业教育与工匠精神的培育必须将社会主义核心价值观放进课堂，倡导职业劳动价值观念，打造工匠文化的氛围，培育职业工匠的精神。

（一）新时代工匠精神的培育必须贯穿于高职院校职教的全过程

中华民族需要实现伟大的复兴，我国要全面建成小康社会，需要更多的优秀的职业技术技能人才，我国高职院校肩负着培育工匠精神神圣的历史重任，也是义不容辞的职责，所以，高职院校应把培育工匠精神纳入学校人才培养的规划方案。

从学校战略层面来讲，高职院校应把培育工匠精神在教育顶层设计、职业教育理念、教学运行等领域建设进行规划；从学校专业与学科建设来看，高职院校应从学校人才培养方案的编制、教材设置、学科规划、课堂教育等方面的教学供应链注入敬业、求精、诚信、创新等工匠精神的元素；从塑造校园文化层面来说，应开展多形式多类型的工匠文化活动，以示范性作用的校园文化以便更好地培育工匠精神，广泛宣传产品质量和服务意识卓越的典范行业文化，把握细节精益求精、注重产品质量、专注专一品牌的企业注入产教融合的核心行列，进一步为国家培养和输送大批具有技术型、技能型、创造型的优秀毕业生。

（二）新时代工匠精神的培育要导入社会主义核心价值观

培育工匠精神就是具有爱岗敬业的精神，其理念就是在技术上精益求精，

追求质量至上和产品品牌，职业态度严谨认真。新时代工匠精神培育与社会主义核心价值观的内容一致性就是爱国、敬业、诚信；工匠精神的内涵包括劳动的实践性，凭借兢兢业业、实实在在的劳动，不断创新，实现劳动的职业价值和社会价值。同时，核心价值观的内在表现也是突出劳动地位，倡导劳动者爱岗敬业、诚实可信，通过劳动去实现职业价值和人生价值，获得相应的社会地位。由此可见，两者之间一脉相承、密不可分。

高职院校的核心职能就是坚持立德树人的办学使命，培养德智体技术人才，运用大学生思想政治教育进课程、进校园的效应，着力构建社会主义核心价值观与工匠精神所共有的目标。一是建立一支强大的思政团队。组织专兼职具有思想政治工作合力的高校教师，形成转变机制、转变理念、转变教风的教学方略。转变机制就是高职院校应按照学校具体情况建立高效灵活的思政教学的组织体系顶层设计；转变理念就是高职院校应将工匠精神的培育工作纳入高校人才培养方案进一步更新教学理念；转变作风就是高职院校各级职能部门干部教师应深入课堂课后生活开展谈心谈话工作。二是构建学生"第二课堂"。学校要充分依托社会实践的机制，利用实践平台把社会主义核心价值观落实在学生行动上，通过价值观培育的反复实践促使学生从中获得感悟，定期组织学生进企业、下车间开展师徒制模式人才培养，形成崇尚职业观，在社会实践、师徒结对过程中领会工匠精神的内涵。三是通过"三个维度"引领核心价值观。校园文化是重要载体，高职院校还要从"办学理念、规章制度和行为规范"三个维度着力于培育构建一体化的校园文化，从中传递工匠精神，融入核心价值观，达到内化于心、外化于行，从而发挥校园文化育人的作用。

（三）将职业价值观教育渗入新时代工匠精神的培育

由于封建"学而优则仕"的陈旧观念影响着人们，这种重士轻农思想严重阻碍了社会的进步。黄炎培职教思想认为劳力与劳心都是神圣的，职业教育宗旨就是职业报国、为社会服务。我国目前正处于实现民族复兴时期，需要一大批具有技术精湛的劳动模范，大力倡导劳动崇尚的职业价值观，塑造劳动技术求精的模范工匠，彰显优秀工匠的职业地位，激发更多有技术、有技能的职业工匠的劳动创造性工作，让更多的劳动模范和职业工匠受到政府的尊重和认可，才能促进社会的和谐持续发展。

党的十九大报告中提出深化供给侧结构性改革，强调建设一支知识型、技术型、创造型的劳动大军，必须要弘扬劳模精神，充分发挥大国工匠的精神，树立劳动光荣、职业地位的社会风尚。这说明了我党和国家对劳动模范和工匠精神的培育已经引起高度重视。目前，高职院校的职业教育直接关系一个国家的百业俱兴和社会进步，间接关系到一个国家的国计民生问题。解决人们的生计问题是高职院校职教目标中无法回避的职责，那么解决这一问题的办法就是必须重视劳动神圣和职业价值观念。尤其是国家政府部门在举办高校、招生机制、财政投入方面应采取相应的制度，在大学生就业方面应采取积极的政策，引导举国百姓的潜意识，关注大学生职教的重要性，促使全社会形成尊重劳动和职业报国的优良风气。

随着社会智能化的兴起，现在下岗失业的人很多，因此，通过职教使学生掌握专业性技术和技能，从而解决就业问题，起到积极维护社会稳定的作用。

### （四）注重工匠精神的培育强化职教实践的技能性

目前，一些高职院校开辟了研究黄炎培职教思想专栏，进一步普及黄炎培先生的职教思想。以校园文化为载体，灌输"手脑并用、知行合一""敬业乐群"等职教理念，形成自身特色的优秀校风、别具一格的教风和具有特色的学风，渗透到每位学子的心灵，促进在校大学生的价值观和世界观不断完善，达到由单一型的技能培养方式转向复合型的技术人才的提升。那么，必须重视对学生人格的塑造，促进其人格和心理健康成长，使其从业爱业、爱岗敬业，为社会服务、无私奉献。

黄炎培职业教育强调了动手与动脑相结合、理论与实践相融合，提出了"手脑并用"的职教思想，这就说明了职业教育的实践观点，那么新时代工匠精神的培育就是要突出注重技术的实践性，特别是高职院校应搭建多元化的实训平台，为培育工匠精神创造优越条件和良好环境，由此可见，学生才有机会通过不断的摸索达到实践性创新创造。其过程中，一些高职院校必须重视如何充分发挥技术，通过实践挖掘工匠人才和培育工匠精神。积极倡导参加大众创业、万众创新等各类技能比赛，深入开展产教融合培育学生工匠精神的实效性，大力打造工匠精神培育的仿真场景，多渠道、多样化、多载体培养在校大学生实践能力，促使学生运用实训熟练掌握技术要领和提升技能水平，在不断反复实践中去感悟工匠精神的培育成果，在实训中去模拟，在实践中去探索，在产教学研过程中实现创造性劳动，以致具备工匠精神的敬业态度、职场感情和劳动价值观。

## 五、小结

黄炎培先生教育思想在职业教育实践中盛行至今。其职业教育思想的核心要义不仅开创和推进了我国职业教育事业的发展；而且丰富了我国的职业教育理论，其职业教育思想的精髓理论同时对当代中国职业教育改革具有广泛的影响和指导意义。

# 第九节　澳大利亚职业教育与培训体系认识及启示

## 一、澳洲职教发展史

最初澳洲职业教育体系模式更多的是沿用英国人的职业教育模式，在人才培养的过程中出现了"重学轻术""毕业生操作能力不强"等诸多常见的问题。直到第二次世界大战后，工业化加快，澳洲政府才逐渐重视职业技术教育，并加大了规范化管理和系统化策划等，同时投入了较多的经费，促使了职业教育的快速发展，为经济发展提供了更多的技术应用型产业工人和技术管理人才。

澳大利亚职业教育与培训教学模式经过了 60 多年的发展与改革，经过了 19 世纪早期到第二次世界大战前期的职业教育萌芽状态，到战后 20 世纪 60 年代 TAFE 学院建立初期，再到新型 TAFE 学院建立及其职业教育主体地位的确立，最后才逐渐形成现代学徒制的办学模式。

目前，澳洲的职业教育与培训教育模式逐渐形成了以行业为引导、以能力为本位、全国一体化、质量有保障的职业教育与培训模式，且形成了独特的职业教育与培训（Vocational Education and Training，VET）体系，是世界上较为成功的职业教育与培训体系之一。

## 二、澳洲职教体系框架

澳大利亚职业教育与培训（VET）体系是技术与继续教育体系，称为 TAFE 体系，是目前世界上职业教育体系中比较关注的人才培养模式之一，该体系主要由四部分组成，包括澳大利亚学历资格框架（AQF）、澳大利亚职业培训质量框架（AQTF）、国家培训包（NTP）和注册培训机构（RTOs）等。

（一）澳洲学历资格框架

澳大利亚学历资格框架（AQF）见表4-3，该体系由联邦政府设计，体系规定了澳大利亚社会职业资格体系类型，明确了不同职业、不同岗位对应的任职资格等，AQF以一系列证书和文凭等形式将普通教育、职业教育与高等教育一体化，实现了不同层次、不同类型的教育体系间互通互认。该体系还规定了严格的职业资格准入制度，将职业资格与职业发展相联。体系的设计为教育介入职业培训提供了保障。

表4-3框架体系中的资格证书主要包括证书、文凭和高级文凭三类。证书分为四级，I级证书获得者可在直接监管下从事常规、可预见性工作；II级证书获得者在一定工作场景下从事基本性技术工作；III级证书获得者可以从事较为复杂的技术应用工作，且具有一定的选择和判断能力；VI级证书获得者可在很多工作环境中从事相对复杂的非常规性工作，可以评估和分析目前的工作情况，制订新标准、工作流程，具有一定的组织、领导、计划和指导能力。

**表 4-3　澳大利亚学历资格框架**

| 高中教育领域证书 | 职业教育和培训领域证书 | 高等教育领域证书 |
|---|---|---|
| | | 博士学位（博士、高等博士两类） |
| | | 硕士学位（研究型硕士、课程型硕士、广博型硕士三类） |
| | 职业教育研究生证书/职业教育研究生文凭 | 研究生文凭（Graduate Diploma）\ 研究生证书（Graduate Certificate）\ 本科荣誉学位（Bachelor Honour Degree） |
| | | 本科学位（Bachelor Degree） |
| | 高级文凭（Advanced Diploma） | 副学士学位（Associate Degree），高级文凭 |
| | 文凭（Diploma） | 文凭（Diploma） |
| | IV级证书 | |
| | III级证书 | |
| II级证书 | II级证书 | |
| I级证书 | I级证书（Certificate I） | |

（二）澳洲职教质量框架

澳大利亚职业培训质量框架（AQTF，2012 年后改为 VET Quality Frame-work）是澳大利亚联邦政府联合行业出台的一个保证职业资格培训质量的文件体系，是确保所有的注册培训机构及其签发的资格证书在全澳大利亚得到认可的一个机制，包括两套标准，即注册培训机构遵循的标准和认证机构遵循的标准。该质量框架体系对每一个职业资格的技能标准给予了明确的规定，对各职业资格的考核点和评价方式也进行了详细的说明与规定。因此，该质量框架对确保各州培训质量标准的统一具有非常重要的作用，使受教育者获得的职业资格证书打破了过去的地域和州的限制而具有了全国通用性。这在很大程度上也保证了职业资格的基本水准，避免了各地继续教育机构因对资格证书的理解或培训水平不同而导致资格证书质量参差不齐的现象。

（三）国家培训包

国家培训包（NTP）由政府组织并出资，由 11 个行业技能协会（Industry Skills Councils，ISC）制定培训内容体系纲要，包括能力标准、资格证书及评估指南三部分。NTP 是 TAFE 学院及其他职教培训机构开展教育培训的纲领性文件和重要的实施依据。培训包对各职业资格证书应具有的岗位能力、技能要求和掌握程度等都进行了说明，对考核也有明确的要求。各培训机构在实施具体培训前，需要按照培训包的要求组织相关人员，结合所在地区行业或学生的特点进行培训内容的二次开发，将培训包的框架性要求转化为具体的教学内容。

（四）注册培训机构

澳大利亚所有培训机构，包括公立和私立，均须经过联邦和各州的培训机构资格认证，获得举办职业教育与培训、技能鉴定或者资格认证的资质。RTO 可以跨州（领地）开展培训活动而不需要在异地重新注册，其颁发的证书全国通用。

## 三、澳洲职教的主要做法

（1）政府、行业、学校分工协作，共同推进职业教育与培训体系的可持续性发展。政府、行业、学校三个主体在澳大利亚职业教育与培训体系的运行中扮演着不同的角色，承担不同的职责。政府设计和构建整个职业教育管理体系和职业资格标准体系，并提供相对充足的教学经费，据不完全统计，目前政府投入的教学经费占澳洲整个职业教育与配体经费的80%，其他部分也采用了多元化模式，引进了部分民间资本和捐赠等；行业制定各个行业的人才培养纲要，即"培训包"；学校具体负责教学的具体实施和开展等。

（2）行业技能协会负责开发国家培训包，能力本位培养技能技术人才。行业引领职业教育，行业技能协会负责开发国家培训包（NTP），该培训包是整个澳洲职教培训质量标准的指导性文件。国家培训包根据行业特点及发展等描述不同岗位的知识与技能要求，培训包中不规定具体培训实施方式，且三年更新一次。

（3）实施教师资格标准和培训考核制度，保证和提高教师队伍质量。澳大利亚制定了教师专业标准体系，提出了基于专业发展和专业素养两个维度的教师任职资格框架与标准。教师资格标准涵盖了如下内容：

首先，入职门槛学历与实践能力并重。TAFE院校对专业教师的任职资格有明确的规定，入职教师首先必须具有相应的学历，专业教师必须有4~5年专业对口的实践经验或行业企业的工作经历。其次，新教师原则上需要先做兼职教师，经过5年以上的教学实践后再转为正式教师，专职教师数量少于兼职教师。教师执教前必须获得职教教师资格证书，该证书为培训包中的四级资格证书，对教师操行和素质有较高要求。

（4）以能力为核心，实施多方法评价与考核。教师在考核的过程中，更加注重学员的能力考核，可以根据学员的工作经历、工作环境等，选择更加灵活的考核方式，常见的有观察、现场操作、口试、证明书、第三者评价、面谈、自评、提交案例分析报告、书面答卷等，且考核成绩多样化。

（5）政府主导经费投入和管理政策，发展职业教育。政府非常重视职业教育与培训，制定了完善的管理和监督政策，有力地支持了职业教育与培训的良性发展。

## 四、对浙江高等职业教育发展的启示

（一）充分发挥行业指导委员会功能，引导行业、企业全过程参与职教人才培养

澳大利亚行业技能委员会是职业教育与培训的需求方，也是标准制订方，

更是质量监督方。这一做法是基于职业教育与培训必须充分服务国家产业发展、增强经济活力的原始动机。众所周知，行业是职业人才需求的第一感知方，发挥行业在重大政策研究、人才需求预测、职业资格制定、就业准入、专业设置、课程与教材开发、校企合作、教学改革、教育质量评价等方面的重要作用，对于增强职业教育人才培养的需求针对性和市场贴近度、确保职业教育可持续发展意义十分重大。2013 年 1 月，教育部对已有的 43 个行业职业教育教学指导委员会（简称行指委）进行了重组，同时批准增设安全行指委、能源行指委等 10 个新的行指委。对 53 个行指委，通过加强分类指导、健全体制机制，支持鼓励行业主管部门、行业组织、企业指导职业教育的模式、方法和政策，建立行业对职业教育工作进行研究、指导、服务和质量监控体系，切实发挥行指委的功能作用，建议逐步由行指委主导制定高职院校专业设置指导规范，在全国层面统一人才培养规格和质量要求，引导行业企业参与职业人才培养全过程，主导人才培养质量的监控和评估，切实提高行业对人才培养质量的认可程度。

（二）提高高职院校社会培训服务能力，在培训服务中强大，在强大中服务

澳大利亚职业教育与培训突破学历教育范围，淡化了学历教育与岗位培训、普通教育与成人教育、全日制教育与非全日制教育的界限。长期以来，我国高职教育以全日制学历教育为主要特征，非全日制职业教育和培训在高职院校还处于起步阶段，人才培养规模相对较小。如今，我国高等教育已实现了跨越式发展，2012 年高等教育毛入学率已达到 30%，进入大众化教育阶段，上岗培训、转岗培训和在职人员继续教育培训的需求日益旺盛，高职院校具有培训服务的优势和发展空间。《国家中长期教育改革和发展规划纲要（2010—2020 年）》也提出加强职业教育要坚持学校教育与职业培训并举，全日制与非全日制并重（简称"并举并重"）。此外，我国高等教育生源数量将趋于减少，高职院校的招生压力将逐步显现，甚至在有些省份已经有所表现。基于上述考虑，借鉴澳大利亚职业教育与培训服务的经验，有必要大力推进高职院校培训服务，切实践行"并举并重"的职业教育发展方向。

（三）规范岗位工作职业资格制度，推进校企合作模式多样化

澳大利亚建立了严格的职业资格制，要求各行各业必须通过培训持证上

岗，客观上为 TAFE 学院带来了大量生源。而国内，许多学生在获得高职毕业证书后，往往还需要经过行业、企业的进一步培训，才能上岗工作，在这方面，与国外存在较大的差异。从某种程度上来说，职业教育学院培养的学生还不是一个完全的产业合格技术人员，尚处于"毛坯"状态，需要相关的企业和单位雕琢。因此，对我国职业教育来说，一方面，需要进一步规范各行业上岗职业资格制；另一方面，学校应在行业主导下确立岗位职业能力培养目标，确保毕业生能得到行业企业的认可；同时，还需要进一步强调企业在学院人才培养的过程中的参与度。

（四）实行高职教师职教资格准入，规范教师培训制度

澳大利亚职业教育与培训的教师不仅具有较高的学历，即专业知识，而且必须具有培训和考核的四级证书及 5 年以上的行业工作经验，即职教能力，且通过立法及教师信用和荣誉强化师德师风的建设，一旦发现教师有违法行为，教师将不再具有教师资格并会受到严厉的处罚。

职业教育是一种终身教育，从事职业教育教学的教师自身也应是终身学习者。要成为一名合格的职业教育与培训教师需要不断更新相关专业知识，并通过"回行"制度使得教师成为与行业发展紧密联系的人，从而培养出适合社会生产需要的学生。故对于浙江省高职院校的教师来说，一方面应实行教师职教资格准入，保证教师的职业教育执教能力；另一方面，要规范教师培训制度，保证教师能够与行业企业紧密联系，更新专业知识，提高业务实践能力。

（五）以生为本推进教学方法改革和开放式学习，强化考核与综合评价

应以学生为中心，大力推进教学方法改革。树立教师是学生自主学习的指导者、辅导者和助手的理念，调动学生学习的积极性，构建互动式课堂，建立师生平等互动的教学模式；应加强纸质、声音、电子、视频等教学载体的网络化建设，为学生自主学习和开放式学习提供条件；应校内与校外教学相结合，在行业企业实习时期，可聘请业务能力和有经验的管理人员作为兼职教师，也可派出专业教师到企业顶岗实践，与学生一起工作，组织学生研讨交流。

课程考核是职业教育评价的一个重要组成，是一个复杂、多元的过程，

在课程体系中起着激励导向和质量监控的重要作用。应借鉴澳大利亚的先进经验，结合我国国情，采用多种考核方法对学生的岗位职业能力做出综合评定。如在教学过程中建议推广实行"双证书"培养模式，对学生的评价要努力寻求新方式，可采用问答、实际操作、社会调查、创新设计、操作体验报告、参与群体活动、毕业实习及毕业实践报告等形式，用工作现场的能力考核替代传统考试等。考核应注重对学生整个学习过程的测评，将终结性评价与形成性评价相结合。

## 参 考 文 献

[1] 何宏. 校企合作共建实训基地的印刷专业人才培养模式探讨 [J]. 中国出版，2011，(6)：23~25.

[2] 徐利谋. 借鉴国外考试模式改革高职院校考核方式 [J]. 职教通讯，2011，(12).

[3] 石波. 高职高专考核评价方法改革的现状及设想 [J]. 考试周刊，2011 (4).

[4] 刘卫. 对高等职业教育考试制度改革的构想 [J]. 职业技术，2010 (2).

[5] 高建宁. 澳大利亚 TAFE 对我国高职教育的启示 [J]. 中国成人教育，2002 (12).

[6] 田立博，赵宝柱. 从现代学徒制看新生代农民工职业发展 [J]. 交通职业教育，2015 (2).

[7] 赵家玲. 能力本位的高职院校考核模式改革实践 [J]. 中国成人教育，2010 (2).

[8] 张建华. 基于网络的形成性考核的有效性和时效性分析 [J]. 开放教育研究，2007 (4).

[9] 肖志坚. 高职印刷技术专业凹印实训教学体系构建与实施研究 [J]. 中国出版，2010 (4)：30~32.

[10] 苏雪峰. 校企合作共建实训实习基地的实践与探索——以山西大学商务学院电子商务专业为例 [J]. 电子商务，2019 (5)：71~73.

[11] 梁荣汉，严镇，苏文业. 区域资源共享实训基地建设研究——以梧州船舶修造业人才培养为例 [J]. 南方农机，2019 (9)：151，159.

[12] 梅少敏，肖志坚. 现代学徒制模式下的考核方式辨析 [J]. 电脑知识与技术，2015，11 (18)：121~122，133.

[13] 张建平，曾小玲. "工匠精神"理念下智能产品开发专业实训基地建设探索 [J]. 智库时代，2019 (18)：272，274.

[14] 李玲玲. 基于校企合作人才培养模式的高职实训基地建设的探索 [J]. 湖北开放职业学院学报，2019，32 (8)：29~31.

[15] 肖志坚. 高职印刷技术专业凹印实训教学体系构建与实施研究 [J]. 中国出版，

2010 (2)：30~32.

[16] 肖志坚. 低碳经济下印刷包装业的发展前景 [J]. 中国出版，2011 (5)：43~45.

[17] 范淑红，杨尚真. 印刷专业人才知识结构调整的研究 [J]. 株洲工学院学报，2006，20 (6)：10~13.

[18] 肖志坚. 凹版印刷实训中"生产式"教学模式研究 [J]. 成功 (教育)，2009 (10)：70~72.

[19] 夏良耀. 完善高职实训教学体系的对策 [J]. 职业技术教育，2006 (6)：18~20.

[20] 陈斯毅. 培养具有工匠精神的创新型技能人才 [N]. 南方日报，2016-09-03 (F02).

[21] 任军君. 大国"工匠精神"的历史回归 [N]. 中国社会科学报，2016-09-26 (006).

[22] 张培培. 创新："工匠精神"的时代内涵 [N]. 中国社会科学报，2016-09-20 (002).

[23] 陈怡. "中国感觉+德国数据"成就世界级工匠 [N]. 上海科技报，2016-09-28 (003).

[24] 肖志坚，杨道文. 高职包装技术与设计专业通识教育构建与思考 [J]. 电脑知识与技术，2015 (5)：159~160.

[25] 肖志坚. 低碳经济下印刷包装业的发展前景 [J]. 中国出版，2011 (10)：43~45.

[26] 肖志坚. 高职印刷技术专业凹印实训教学体系构建与实施研究 [J]. 中国出版，2010 (4)：30~32.

[27] 叶茜茜，肖志坚，叶菲菲. 畅谈在校生创办"个性条幅工作室" [J]. 中小企业管理与科技 (上旬刊)，2010，12：159~160.

[28] 肖志坚. 浙江省民营印刷包装企业技能人才开发的研究 [J]. 商场现代化，2008，31：252~253.

[29] 刘学浩. 黄炎培职业教育思想与新形势下的理论创新 [J]. 中华职教社研究院，2010.

[30] 程德慧. 黄炎培职业道德教育思想：新时代工匠精神培育的新视域 [J]. 南京工业职业技术学院，2018.

[31] 陈秀秀. 黄炎培职业道德教育思想对高职院校培育和践行社会主义核心价值观的启示 [J]. 天津职业院校联合学报，2016.

[32] 卢宇. 美国公民教育对我国高中思想政治教育的启示 [D]. 贵州：贵州师范大学，2016.

[33] 何启志，等. 互联网金融对居民消费的影响机理与实证检验 [J]. 学海，2019.

[34] 刘传彪. 云制造环境下人力资源供需双方的优化匹配研究 [D]. 重庆：重庆大

学，2017.

[35] 黄丹峻. 黄炎培职教思想视域下职业学校学生"工匠精神"的培育——以河池市职业教育中心学校为例 [J]. 广西教育（中等教育），2019.

[36] 王晓艳. 新时代高职生工匠精神培育研究 [J]. 科技视界，2018.

# 附录

## ××职业技术学院
## 顶岗实习协议书

**甲方：××职业技术学院**

**乙方：**

为推动校企合作、顶岗实习，使学生所学知识与实践相结合，达到学以致用、培养技能型人才的目的，经甲乙双方友好协商，就甲方选派学生到乙方顶岗实习一事达成如下协议。

### 一、顶岗实习目的

顶岗实习是企业与学校共同制定人才培养方案，通过学生到企业顶岗学习、学用结合的实践教学模式，使学生培养与岗位要求"零距离"接触。

### 二、顶岗实习条件

1. 学历：为甲方在校学生，具备合法学籍和身份证明。
2. 专业：甲乙双方商定，且适合在乙方安排顶岗实习的专业。
3. 年龄：年满 18 周岁。
4. 健康状况：经甲乙双方商定，在指定医疗机构体检，符合身体健康要求。

### 三、顶岗实习人数、岗位和期限

1. 甲方和乙方约定顶岗实习学生人数为_____名。
2. 顶岗实习学生主要安排在_____，并实行定期轮岗。
3. 甲方和乙方约定顶岗实习期限为_____周左右，时间为自入职之日起至_____年_____月_____日，内容为一线岗位，基本与专业对口，为毕业实习奠定基础；毕业实习本着双向选择的原则，乙方对甲方学生的顶岗实习工作进行评鉴，乙方将符合公司发展要求的学生陆续地安排到基层管理和技术岗位上。

## 四、上班时间及薪资、福利

1. 顶岗实习阶段每周工作_____天（周日休息），每天白天上班 8 小时，晚上加班根据公司生产情况需要安排，原则上不安排加班，如要加班，事先征得学生同意。

2. 顶岗实习待遇。学生在岗实习的基本待遇为_____元/月，或_____元/小时，加班费_____，其他_____。

3. 餐费补贴。由公司提供免费午餐或者是发放午餐伙食补贴_____元/日。

4. 乙方免费提供住宿，超出公司免费部分的水电费由相关学生自理（原则四人一间）。

5. 为加强学生在企业顶岗实习的管理，甲方指派带队教师 1~2 名，乙方为甲方带队教师提供免费食宿。

6. 甲乙双方各自任命一名管理人员，出任顶岗实习班的班主任，共同做好顶岗实习班的管理与服务支持工作。

7. 乙方按时发放学生顶岗实习补贴，将工资直接打入顶岗实习学生的个人账户中。

8. 乙方每两周至少组织一次联欢活动，用以提高甲方学生对企业文化的认可度，时间安排在周三或周四晚上。

## 五、双方权利、责任

（一）甲方

1. 有权对顶岗实习的学生进行生活、实习跟踪管理和必要的专业辅导，学生如不遵守学校顶岗实习纪律或单位规章制度，甲方有权终止学生的顶岗实习。

2. 有权对在乙方顶岗实习学生薪酬进行管理和核查。

3. 甲方按乙方的生产、安全等管理要求协助乙方管理好学生。

（二）乙方

1. 依照国家政策法规和乙方实习管理制度，根据生产需要安排甲方学生从事现场实习工作，为甲方学生提供上课教室、技能教学场所等条件，安排一定的时间对甲方实习学生进行技术培训，与甲方共同对实习学生的学习成绩和工作表现进行考核。

2. 当本协议条款与乙方管理规定有偏离之处时，乙方有义务向管理学生的一线干部传达说明。

3. 有权对甲方学生违纪情况进行处理，并及时向甲方带队教师通报。

4. 乙方可以视企业生产所需，合理调整甲方学生实习内容，甲方学生应予以配合，但不能安排学生从事有毒、有害、有损身体健康的工作岗位。

5. 乙方为甲方实习学生购买团体意外保险，对甲方学生进行安全教育和严格管理，确保甲方实习学生的人身安全，并承担相应责任，顶岗实习期间，若学生出现安全事故，由乙方负责。对甲方学生离开实习岗位发生的或者在实习时间外发生的行为和后果，以及与实习无关的一切行为和后果（含患病或意外）由甲方学生及其监护人自行承担相应责任。

6. 乙方为每位顶岗实习学生购买意外保险1份，费用由乙方承担。

## 六、未尽事项

_____

_____

_____

## 七、其他事项

1. 参加乙方顶岗实习的学生返校学习后，如乙方今后选用，试用期应取消或尽量缩短，以利于乙方吸收更多优秀的和有经验的员工。

2. 以上协议甲乙双方需共同遵守，如产生纠纷，应友好协商解决。

3. 按约定期满后，本协议同时废止。

4. 本协议一式二份，甲乙方各持一份，自甲乙双方签章之日生效。

甲方（盖章）：　　　　　　　　　　乙方（盖章）：

甲方代表（签字）：　　　　　　　　乙方代表（签字）：

2016 年＿＿月＿＿日　　　　　　　2016 年＿＿月＿＿日